Jim Meuninck

Eßbare Wildpflanzen

W0200405

OUTDOOR Stein HANDBUCH

 1. Auflage 1992

Alle Informationen, schriftlich und zeichnerisch, wurden nach bestem Wissen und Gewissen zusammengestellt. Trotz der sorgfältigen Bearbeitung dieses Buches kann seitens des Verlags keine Haftung für eventuell auftretende Schäden übernommen werden, da bei der Bestimmung der Pflanzen, ihrem Verzehr und ihrer medizinischen Anwendung zahlreiche Faktoren eine Rolle spielen, für die nur der Leser die Kontrolle und Verantwortung übernehmen kann.

Der Leser sollte sich ebenfalls genauestens nach den Naturschutzbestimmungen des Landes, in dem er die Wildpflanzen sammelt, erkundigen, um sich nicht unwissentlich an der Ausrottung gefährdeter Arten zu beteiligen.

Der Autor ist für Hinweise und Verbesserungsvorschläge an den Verlag dankbar. Leser, deren Einsendung verwertet wird, werden in der nächsten Ausgabe genannt und erhalten als Dank ein Belegexemplar der neuen Auflage.

Text	Jim Meuninck
Übersetzung, biologische Fachredaktion und Ergänzungen für Europa	Rainer Mareik
Titelbild	Jim Meuninck
Illustrationen	Jim Meuninck & Peggy Duke
Lektorat und Umbruch	Cornelia Hallmann
Litho	Brandner GmbH
Gesamtherstellung	Nieswand-Druck GmbH

Titel der amerikanischen Originalausgabe: *Edible Wild Plants & Useful Herbs*, erschienen bei ICS, Books, Inc., Merrillville, in der Reihe *The Basic Essentials*.

Gedruckt auf chlorfrei gebleichtem schwedischem Munkenelk-Papier.

ISBN 3-89392-105-2 DM 12,80

Inhalt

Jim Meuninck ist Botaniker und Produzent von Video-Filmen; er lebt in Edwardsburg, MI., in den USA und hat auch schon ein Buch über den Tauchsport verfaßt.

Dieses OutdoorHandbuch spiegelt meine langjährigen Erfahrungen auf der Suche nach eßbaren und medizinisch wirksamen Pflanzen wider. Es sind sicher oft keine neuen Erkenntnisse, denn bereits unsere Vorfahren erprobten die Eßbarkeit der Pflanzenwelt vor Tausenden, vielleicht sogar vor Millionen von Jahren. Durch Versuch und Irrtum entdeckten sie, welche Pflanzen eßbar und welche giftig sind.

Neuere Untersuchungen von Humanbiologen überall auf der Welt lassen vermuten, daß die Ernährung mit Wildpflanzen - außer ihrem guten Geschmack - viele Vorteile mit sich bringt. Die mehr als hundert bereits seit der Altsteinzeit bekannten Pflanzen, die in diesem Buch beschrieben werden, enthalten viele Ballaststoffe und haben einen hohen Kalziumgehalt, sie sind voll mit Vitaminen und Mineralien, zeichnen sich aber durch einen niedrigen Fettgehalt aus. Viele dieser Pflanzen verfügen über wertvolle Fettsäuren, während die meisten Kulturpflanzen diese essentiellen Stoffe vermissen lassen. Wilde Pflanzen sind eine Quelle natürlicher Nahrung, die unberührt von Menschenhand ein vollständiges Angebot lebenswichtiger Substanzen bereithalten. Dies alles sind gute Gründe, die natürlichen Nahrungsquellen in Betracht zu ziehen, die die Evolution uns als "Lebensstoff" gegeben hat.

Lassen Sie uns den langen, verschlungenen Weg unseres ethnobotanischen Erbes zurückverfolgen. Dieser Weg zeigt maßgebliche Hinweise zum Sammeln, zur Zubereitung und auch zum Anbau von Wildpflanzen auf. Bereiten Sie Kräutertees zu. Entdecken Sie Salatrezepte für Wildgemüse. Lernen Sie Heilpflanzen kennen. Machen Sie Bekanntschaft mit den Bräuchen der amerikanischen Indianer und der chinesischen Heilkunde. Finden Sie die verschiedenen Beeren und bereiten sie daraus "beerenstarke" Speisen. Hier und dort stoßen Sie auch auf moderne medizinische Anwendungen von Wildpflanzen. Möglichkeiten der Aussaat für Wildblumen werden aufgezeigt, und wo es angebracht erscheint, werden Pflegetips für den eigenen Garten genannt. Zu alledem wird auch giftigen Pflanzen Beachtung geschenkt. Alle Rezepte wurden während meiner dreißigjährigen Erfahrung von mir geprüft.

Ich habe mich entschlossen, die Pflanzen in der Art und Weise aufzulisten, wie Sie sie vermutlich entdecken, wenn Sie die Natur durchstreifen. Bei dieser Untergliederung beginne ich mit dem Bekannteren, um schließlich zu den ungewöhnlichen, exotischen Arten zu gelangen. Mein Ratgeber beginnt mit den beerentragenden Pflanzen, danach erfolgt die Einteilung nach ihren Biotopen.

Regeln für das Sammeln wilder Pflanzen

1. Bevor Sie eine wilde Pflanze essen, bestimmen Sie sie mit einem Experten oder zeigen Sie sie einem Fachmann, um sicher zu sein, daß es sich um die richtige Pflanze handelt. Ziehen Sie immer mindestens zwei andere Bestimmungsbücher zu Rate und vergewissern Sie sich, daß Sie Farbfotos und wissenschaftliche Zeichnungen von der entsprechenden Pflanze gesehen haben. Schwarzweißfotos oder die Illustrationen in diesem Buch sind keineswegs ausreichend für eine eindeutige Bestimmung.
2. Nach der sicheren Bestimmung einer eßbaren Pflanze probieren Sie zunächst nur eine kleine Menge. Diese Vorsichtsmaßnahme kann Sie vor unangenehmen allergischen Reaktionen und falschen Bestimmungen bewahren.
3. Seien Sie vorsichtig bei Pflanzen der Doldenblütler-Familie: der gefleckte Schierling und der Wasserschierling, aber auch andere Vertreter dieser Familie sind sehr giftig. Lernen sie die Schierlinge von anderen Pflanzen, wie zum Beispiel der Wilden Möhre oder der Süßdolde, zu unterscheiden.
4. Jim Meuninck unterstützt die medizinische Anwendung von Kräutern nicht. Selbstdiagnose und Selbstbehandlung sind nicht der richtige Weg. Die medizinischen Hinweise in diesem Buch sind Beschreibungen anderer Leute, die der amerikanische Herausgeber hinzugefügt hat. Statt Selbstmedikation suchen Sie lieber zunächst Ihren Arzt auf.
5. Denken Sie daran, daß viele Pflanzen heute geschützt werden müssen. Pflücken Sie nie mehr als Sie benötigen. Sammeln Sie keine seltenen oder gefährdeten Arten. Ernten Sie niemals alle Pflanzen eines Bestandes, um ihr Fortbestehen an dieser Stelle zu sichern. Vor allem wenn sie die Wurzeln bestimmter Pflanzen ausgraben, ist letzteres von großer Bedeutung. Arbeiten Sie mit einem Botaniker zusammen, um wilde Pflanzen in einem Gebiet, in dem sie nicht mehr vorkommen, wieder anzusiedeln.
6. Meiden Sie Pflanzen von verschmutzten oder belasteten Böden. Pflanzen, die an Straßenrändern wachsen, sind oft durch Blei, Öl und Autoabgase verseucht. In Flüssen oder an Feldrändern in der Nähe von Bauernhöfen sind die Pflanzen eventuell durch Pestizide belastet. Seien Sie bei der Suche nach Eßbarem vorsichtig. Kot wilder Tiere kann Bakterien, Viren, Würmer und vieles mehr in dem Wasser verbreiten, das die Pflanzen aufnehmen. Seien Sie vorsichtig! Waschen und kochen Sie alle Pflanzen, die Sie in der Wildnis ernten!

7. Die beste Zeit zum Sammeln wilder Pflanzen ist der späte Vormittag, wenn kein Tau mehr auf den Kräutern liegt, sie aber noch nicht an Geschmack und Inhaltsstoffen durch die starke Sonneneinstahlung verloren haben. Ernten Sie die Blüten erst, wenn sie ganz erblüht sind und die Früchte bei voller Reife, um die beste Qualität zu sichern. Verwenden Sie einen Korb oder einen Leinenbeutel beim Sammeln, da die Pflanzen in einer Plastiktüte oft "schwitzen" und viel von ihrer ursprünglichen Qualität verlieren.

Verzeichnis der Abkürzungen

Hinter dem wissenschaftlichen Namen der einzelnen Pflanzen wird die Verbreitung der Arten angegeben. Dabei bedeuten:

Afr	Afrika
Am	Amerika
As	Asien
Can	Kanada
circpol	circumpolar (in der nördlich gemäßigten Zone, rund um die Arktis verbreitet)
eingeb.	eingebürgert
Eur	Europa
gem	gemäßigt
MAm	Mittelamerika
Mex	Mexiko
n	nördlich
NAm	Nordamerika
ö	östlich
s	südlich
SAm	Südamerika
sp.	Species
spp.	Subspecies
trop	tropisch
USA	Vereinigte Staaten von Amerika
v.a.	vor allem
w	westlich
z	zentral

Beerentragende Pflanzen

Wald-Erdbeere
(*Fragaria vesca*; circpol)
und
Scharlach-Erdbeere
(*F. virginiana*; NAm - im öEur stellenweise eingeb.)

Wilde Erdbeere

Beschreibung: Die Farbe der Blüten ist weiß; die Blättchen sind eiförmig, gezähnt und stehen zu dritt.

Wilde Erdbeeren findet man auf Weiden, an Gebüschen und in lichten Wäldern. Die Erntezeit liegt von Ende Mai bis Anfang Juni.

Zubereitung: Für dieses besonders gute Erdbeer-Rezept mischt man eine ganze Orange (mit der Schale) mit einer Tasse Erdbeeren und einer Tasse Brombeeren oder Maulbeeren.

Dazu gibt man ein Ei und eine halbe Tasse Pflanzenöl. Vermischen Sie dann 1 1/2 Tassen Mehl, sowie eine 3/4 Tasse Zucker, einen Teelöffel Backpulver, einen Teelöffel Backnatron und einen Teelöffel Salz miteinander.

Fügen Sie 1/2 Tasse Rosinen und eine Tasse gehackte oder gemahlene Walnüsse hinzu. Große Törtchen formen. Etwa zwanzig Minuten bei 190°C backen. Diese Törtchen versorgen Sie mit der Energie und den Proteinen für den ganzen Tag.

Denken Sie daran, daß die meisten Beeren - auch Hagebutten - in diesem Rezept verwendet werden können.

Anwendung: Der Tee wirkt leicht zusammenziehend. In der Volksmedizin wurde die Pflanze gegen Gicht, Durchfall, Milz- und Leberleiden verwendet. Das Vitamin C der Wald-Erdbeere hilft gegen Skorbut. Außerdem kann man ein Gurgelmittel gegen schlechten Atem herstellen.

Himbeere
(*Rubus idaeus*; circpol)
und
Schwarze Himbeere
(*R. occidentalis*; nöNAm)

Himbeere

Beschreibung: Busch mit dornigen Zweigen, die zusammengesetzte Blätter von je drei bis fünf Blättchen tragen und stachelige, weiße Blüten mit drei oder mehr Blütenblättern. Rote und Schwarze Himbeeren findet man an Waldrändern, Hecken und Federn. Am Ende des Frühlings bis zum Anfang des Sommers reifen die Beeren heran.

Zubereitung: Sie eignen sich gut als Pie-Füllung. Für dieses leckere Rezept brauchen Sie: Zwei Tassen Himbeeren und eine Tasse Brombeeren oder Wilden Wein. Mischen sie die Beeren mit zwei Tassen Äpfeln. Rühren Sie drei Eßlöffel braunen Zucker oder Ahornsirup unter. Mit einem Teelöffel Zimt, einem halben Teelöffel Muskatnuß und einem Ei vermengt kann die Masse auf den Pie-Teig gegeben werden. Streuen Sie etwas Mehl über jede Schicht, die Sie einfüllen und setzen Sie einige Butterflocken auf die Füllung. Backen Sie den Pie mit oder ohne Teigüberzug.

Auch im Pfannkuchenteig oder in anderem Gebäck schmecken die Beeren hervorragend. Sie sind ideal für Marmelade oder Gelee und als Ersatz für die Erdbeeren in dem oben beschriebenen Rezept.

Anwendung: Die Blätter werden als Tee aufgebrüht, ein Stärkungsmittel für schwangere Frauen. Amerikanische Indianer benutzten die Wurzeln bei Diarrhöe und Ruhr.

Außerdem kann man mit Himbeeren anderen Medikamenten einen besseren Geschmack verleihen.

Brombeere

(*Rubus spp.*; verschiedene Arten circpol)

Beschreibung: Ähnlich der Himbeere ist es ein Busch mit dornigen Zweigen und zusammengesetzten Blättern von je fünf oder mehr Blättchen, die gezähnt sind. Die weißen Blüten erscheinen später als die der Himbeere. Die Pflanzen wachsen aber oft an der gleichen Stelle. Es gibt viele Arten, die alle im späten Sommer reifen.

Brombeere

Zubereitung: Es gibt ein Rezept für ein gutes Frühstück mit wenig Kalorien und vielen Nährstoffen, das mit Himbeeren oder Brombeeren zubereitet wird. Mischen Sie zwei Tassen Beeren mit zwei Tassen leicht gesüßtem Joghurt und einem Schuß Milch. Kurz in den Mixer, und schon hat man einen wunderbaren Eiscreme-Ersatz mit halb so viel Zucker und wenig Fett. Auch für Pies, Kuchen, Pfannkuchen, Gelee und Marmelade sind Brombeeren geeignet. Machen Sie Tee aus den Blättern.

Anwendung: Die Wurzeln wurden mit anderen Kräutern von den amerikanischen Indianern bei Augenentzündungen, Rückenschmerzen und Magenverstimmungen angewendet. Die Pioniere stellten Brombeeressig her, um damit Gicht und Gelenkentzündungen zu behandeln. Die Chinesen verwenden *Rubus* als Tee, um den Kreislauf anzuregen. Sie behaupten, daß er Schmerzen in Muskeln und Knochen lindert.

Heidelbeere / Blaubeere

(*Vaccinium spp.*; NAm, in Eur nur *V. myrtillus*)

Heidelbeere

Beschreibung: Kleiner Strauch mit wechselständigen, einfachen, ganzrandigen Blättern; die dicht gedrängten Blüten sind weiß bis rosa. Den ganzen Sommer bis in den frühen Herbst reifen die Beeren. Es gibt viele Arten, die man in den Bergen, im Flachland, auf offenem Gelände oder im Wald findet.

Zubereitung: Für eine einfache Blaubeermahlzeit, nehmen Sie gefrorene Blaubeeren und übergießen sie mit Milch.

Dieses kühle Dessert ist schnell gemacht und wartet nur darauf, gegessen zu werden. Eine erfrischende, kühlende Speise mit wenig Zucker. Auch alle anderen Rezepte in diesem Buch lassen sich mit Blaubeeren anfertigen.

Preiselbeere
(*Vaccinium vitis-idea*; n+zEur-nNAm)

Beschreibung: Dieser mit der Blaubeere verwandte Zwergstrauch ist immergrün mit ledrigen, glänzenden Blättern, deren eiförmige Gestalt durch den leicht umgerollten Rand betont wird. Die Blüten sind weiß bis rosa und glockig, die Beeren kugelig und rot. Die Preiselbeere wächst in Heiden, Mooren und Nadelwäldern.

Zubereitung: Wie andere Beeren auch verwendet man Preiselbeeren in Pies, Kuchen und Torten, als Marmelade oder Kompott. Wegen ihres herb-säuerlichen Geschmackes passen sie gut zu Geflügel und Wild.

Stachelbeere
(*Ribes uva-crispa*; Eur - sonst eingeb.)
und
Johannisbeere
(*R. spp.*; Eur-As-Am)

Beschreibung: Büsche mit dornigen Zweigen, die eigentliche Stachelbeerfrucht selbst ist stachelig. Die Pflanzen besitzen tief gebuchtete Blätter mit scharfen Zähnen, haben gelbe, violette oder weiße Blüten (je nach Art). Man findet sie in Wäldern oder an deren Rändern.

Die verschiedenen, stacheligen Arten sehen gefährlich aus, aber die harmlosen Früchte warten darauf, im Hochsommer geerntet zu werden.

Zubereitung: Bereiten Sie einen Stachel- oder Johannisbeer-Pie nach dem oben erwähnten Himbeer-Rezept.

Stachelbeere

Geben Sie aber in diesem Fall etwas Zitronensaft hinzu, um den Geschmack zu verbessern.

Anwendung: Stachel- und Johannisbeergelee wird mit Pfefferminze, Zitronensaft und Ingwer gewürzt und als Heilmittel gegen Halsentzündungen angewendet. Es wird auch die Behauptung aufgestellt (die der Autor nicht überprüft hat), daß Linolsäure - ein Bestandteil der Johannisbeeren - Akne vorbeugen und bei Fettleibigkeit helfen soll.

Maulbeere
(*Morus spp.*; sEur-As-NAm)

Maulbeere

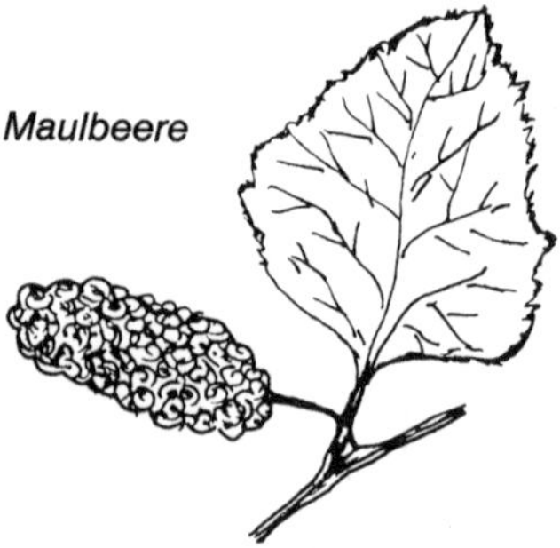

Beschreibung: Kleiner Baum mit wechselständigen, einfachen, gezähnten und rundlichen bis leicht verlängerten Blättern, die an der Basis am breitesten sind. Die kleinen, grünen Blüten erscheinen in Ähren. Sie wachsen in der Nähe von Stachelbeeren, an Straßen, Waldrändern und Hecken, eben überall, wo beerenfressende Vögel die Samen verteilt haben. Es gibt rote, weiße und schwarze Arten.

Die unreifen Früchte und die Blätter sollten nicht gegessen werden, weil sie leicht halluzinogen wirken. Die reifen Früchte schmecken allerdings sehr gut.

Zubereitung: Maulbeeren, Stachelbeeren und Johannisbeeren können - zusammen oder allein - zu einer Süßspeise verarbeitet werden. Bringen Sie 1 1/2 Tassen Maulbeeren zum Kochen und passieren Sie sie durch ein feines Sieb. Der Saft wird mit zwei Tassen Zucker und drei Eßlöffeln Butter verrührt und wieder langsam erhitzt. Lassen Sie die Masse bei mittlerer Hitze kochen ohne zu rühren. Bei ca. 115°C sollte Sie weich und zäh sein. Wenn die Creme nur noch lauwarm ist, schlagen Sie sie ein paar Sekunden mit einem Holzlöffel, füllen Sie sie in eine gefettete Form, und schneiden Sie sie in Stücke. Sie kann sofort oder später, wenn sie erkaltet ist, verzehrt werden. Diese Leckerei hat eine zähe, klebrige Konsistenz und ist nicht leicht zu essen.

Anwendung: Botaniker sagen, die Blätter und die unreifen Früchte haben eine milde, beruhigende Wirkung, die reifen Früchte mit Zucker und Wodka einen anregenden Effekt (ich wette, nur kurzzeitig).

Wilder Wein
(*Vitis spp.*; Eur-As-NAm)

Beschreibung: Kletterpflanze mit sich festhaftenden Ranken und grünen Blüten in großen Rispen. Die Blätter sind einfach, gezähnt, mit einer herzförmigen Basis und wechselständig. Die jungen Blätter und die reifen Früchte sind eßbar. Der Wilde Wein ist weit verbreitet, und man findet ihn an Bäumen, Wänden und Zäunen emporrankend. Die Kanadische Mondsame (*Minispermum canadense*) sieht aus wie Wein, ist aber giftig.

Wilder Wein

Lernen Sie diese beiden Pflanzen zu unterscheiden, bevor Sie das essen, wovon Sie meinen, es sei Wilder Wein.

Zubereitung: Die Trauben können drei Tage lang in der Sonne getrocknet werden, um Rosinen daraus herzustellen. Bedecken Sie die Trauben mit einem Tuch, um Fliegen fern zu halten. Die Früchte können außerdem in dem Himbeer-Pie-Rezept verwendet werden, das bereits erwähnt wurde. Reis, Gemüse und Fleisch können in Weinblätter eingewickelt werden. Diese gefüllten Blätter werden gedämpft, bis sie gar sind. Beim Einlegen von sauren Gurken oder ähnlichem werden Weinblätter zu den Gewürzen hinzugefügt.

Anwendung: Wilder Wein (Früchte, Blätter und Ranken) wurde von den amerikanischen Indianern und den Pionieren bei Hepatitis

(Leberentzündungen), Diarrhöe und Schlangenbissen angewandt. Die Indianer nutzten ein Tonikum aus Wein und einigen anderen Kräutern zur Steigerung der Fruchtbarkeit.

Kopal-Sumach
(*Rhus copallina*; öUSA)
und
Hirschkolben-Sumach / Essigbaum
(*R. typhina*; nöNAm)

Sumach

Beschreibung: Strauch oder kleiner Baum; die wechselständigen, zusammengesetzten Blätter haben viele lanzettliche, gezähnte Blättchen, die Blüten und die Früchte sind kegelförmig angeordnet. Die Beeren des Hirschkolben-Sumachs können im späten Sommer geerntet werden.

Zubereitung: Streifen Sie die roten Beeren des Essigbaumes von den Stielen ab. Durchtränken Sie die Beeren - von einem Tuch bedeckt - mit heißem Wasser, um ein limonadenartiges Getränk zu erhalten. Setzen Sie Sassafraswurzeln diesem "Tee" zu und servieren Sie das Getränk mit Zucker gesüßt.

Anwendung: Die Blüten des Essigbaumes wurden als Tee aufgebrüht und gegen Magenschmerzen angewendet. Ein Gurgelmittel aus den Beeren soll gegen Halsentzündungen helfen.

Flüsse, Seen, Teiche, Moore

Breitblättriger Rohrkolben
(*Typha latifolia*; circpol)
und
Schmalblättriger Rohrkolben
(*T. angustifolia*; öNAm-Eur-wAs)

Beschreibung: Die Pflanzen tragen lange, schwertförmige Blätter und grünliche Blüten in einem doppelten Kolben; unten befinden sich die weiblichen Blüten, oben die männlichen. Es gibt zwei weit verbreitete Arten: den Breitblättrigen und den Schmalblättrigen Rohrkolben. Der wichtigste Unterschied ist die Breite der Blätter.

Rohrkolben

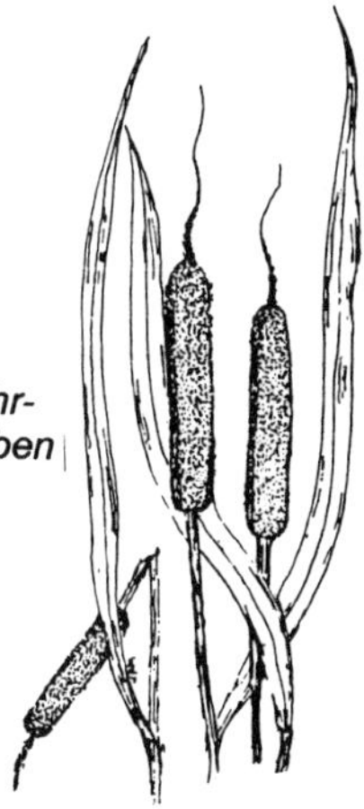

Rohrkolben sind eine vielseitige Nahrungsquelle. Die Wurzelstöcke (Rhizome), die jungen Sprosse und die Blütenstände sind eßbar. Suchen Sie im Frühjahr einfach nach den Schößlingen (**Vorsicht**: Bevor Sie die Rohrkolbenschößlinge essen, lernen Sie sie von den sehr ähnlichen, aber giftigen Iris-Schößlingen zu unterscheiden), greifen Sie in den Schlick und ziehen Sie die jungen Pflanzen heraus. Dann werden die äußeren Blätter abgeschält, so daß das zarte Mark darunter zum Vorschein kommt. Dieses leckere "Herz" wird drei bis fünf Minuten in wenig Butter gebraten und anschließend mit etwas Sojasoße und Wildem Ingwer gewürzt.

Ein wenig tiefer im Boden findet man die langen Wurzelstöcke, von denen die Sprosse nach oben steigen. Das Mark dieser Rhizome ist eine gute Quelle für Stärke. Es kann roh als schnelle Energiequelle gegessen werden. Allerdings ist es besser, die Wurzeln in kaltem Wasser zu zerstampfen und die Stärke herauszulösen. Sie kann zum Andicken von Suppen und Soßen verwendet werden.

Mitte Juni kann der männliche Blütenkolben (über dem weiblichen) von dem Sproß abgestreift und gesammelt werden; das Pulver ist reich an Proteinen und in der Gefriertruhe ca. acht Monate haltbar.

Zubereitung: Ergänzen Sie Ihren Pfannkuchenteig mit den männlichen Blütenteilen (Pollen und Staubblätter). Ungefähr eine Tasse Rohrkolben-Blüte auf zwei Tassen Pfannkuchenteig. Auch im Mehl anderer Backwaren kann die männliche Blüte verwendet werden: in Keksen, Kuchen und Brotrezepten.

Der weibliche Blütenkolben kann wie ein Maiskolben gekocht werden. Dazu wird er einfach in leicht gesalzenem Wasser gekocht, bis er gar ist. Essen Sie ihn heiß und mit Butter bestrichen. Sehr junge Kolben können auch roh verzehrt werden.

Rohrkolben-Pollen können mit Honig gemixt werden, fünf Teile Pollen mit einem Teil Honig. So erhalten Sie eine sehr energiereiche Kost, die schnell zubereitet ist und unter 4°C lange aufbewahrt werden kann.

Anwendung: Ohne die Kräuterheilkunde zu unterstützen, habe ich entdeckt, daß Pflanzenteile des Rohrkolbens genutzt werden, um Gonorrhöe, Würmer und Diarrhöe zu behandeln. Die gehackten Wurzeln werden auf Verbrennungen und kleinen Wunden aufgelegt. Die Chinesen benutzen die Pflanze, um Blutungen zu stoppen.

Brunnen-Kresse
(*Nasturtium officinale*; circpol)

Brunnen-Kresse

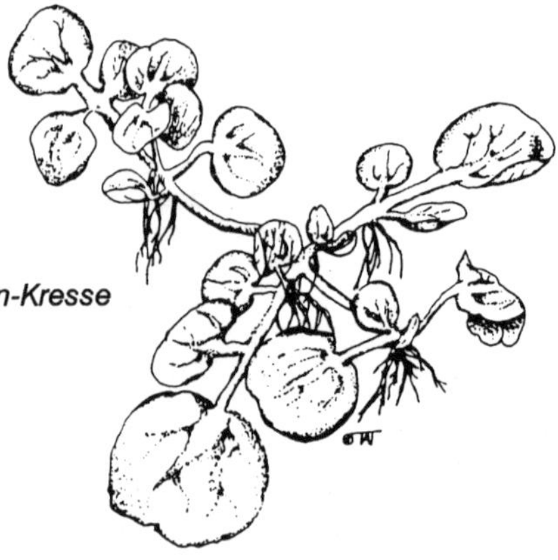

Beschreibung: Die Brunnen-Kresse wächst in flachem, sauberen Wasser, besitzt wechselständige, fünf- bis neunlappige Blätter mit ovalen Blättchen, die an der Basis ca. 2 cm breit sind. Die kleine, weiße Blüte hat vier Blütenblätter. Vermeiden Sie die Verschmutzung mit Pestiziden und Herbiziden. Sammeln Sie Brunnen-Kresse (und das gilt für alle eßbaren Wasserpflanzen) nur in sauberem Wasser, einem Bergbach oder in der Nähe einer Quelle.

Brunnen-Kresse ist eine scharfe, würzige Pflanze. Oft ist sie ein wichtiger Bestandteil von Gemüsesäften. Sie ist eines der nützlichsten Gewächse überhaupt. In den gemäßigten Breiten kann man Brunnen-Kresse zehn Monate im Jahr ernten, in etwas wärmeren Gebieten sogar das ganze Jahr über.

Zubereitung: Machen Sie Rührei mit Brunnen-Kresse, es eignet sich hervorragend für Sandwiches. Braten Sie das Kraut in wenig Fett kurz an, mischen Sie es in Salate oder machen Sie Suppe daraus.

Ein ausgezeichnetes Rezept ist Barsch mit Brunnen-Kresse gefüllt. Nachdem Sie den Fisch ausgenommen haben, wird er mit BrunnenKresse gefüllt. Backen oder räuchern Sie den Fisch.

Oft empfiehlt es sich, die ganze Brunnen-Kresse, die man von einem Busch geerntet hat, zu kochen, um sie von Keimen zu befreien. Ich brate die Ernte unter stetigem Rühren mit einem Eßlöffel Öl, zwei Eßlöffeln Sojasoße und dem Saft einer Knoblauchzehe bei mittlerer Hitze für etwa zwei Minuten.

Anwendung: Brunnen-Kresse enthält viel Vitamin C und A. Sie ist schwach harntreibend. Einige Indianerstämme nutzten die Pflanze, um Gallensteine aufzulösen.

Teichlinse
(*Spirodela polyrhiza;* circpol)
und
Kleine Wasserlinse
(*Lemna minor;* circpol)

Beschreibung: Die Pflanzen besitzen nur wenige Millimeter große, ovale Blätter mit fädlichen Wurzeln und schwimmen auf dem Wasser. Dabei hat die Teichlinse mehrere kleine Wurzeln, die Wasserlinse nur eine einzige. Wahrscheinlich kennen Sie diese Pflanzen. Sie bilden die dichte, grüne Schicht, die viele Teiche im Sommer bedeckt. Wenn man näher hinschaut, gehören sie zu den kleinsten Blütenpflanzen überhaupt. Auf dem Wasser schwimmend nehmen die Wurzeln die Nährstoffe direkt aus dem Wasser auf.

Zubereitung: Die Teichlinse und die Kleine Wasserlinse sind eßbar. Unerschrockene Sammler können sie Suppen zusetzen. Vorsichtige Leute gebrauchen sie sparsamer - sie haben eine ungewöhnliche, zähe Beschaffenheit. Manche mögen es, andere nicht. Verwenden sie auch diese, wie die meisten wilden Pflanzen, sparsam, besonders wenn Sie unter Lebensmittelallergien leiden.

Anwendung: Die Chinesen verwenden die Teichlinse zur Behandlung von Unterkühlung, Blähungen und akuten Nierenerkrankungen. In der Volksheilkunde ist die Kleine Wasserlinse als harntreibendes Mittel angewandt worden.

Schilf

(*Phragmites communis*; circpol)

Schilf

Beschreibung: Hohes Gras feuchter Standorte; die linealischen Blätter werden bis zu 30 cm lang. Die Blüten erscheinen in einer großen, federähnlichen, dichten Rispe. Die Pflanze bildet dichte Bestände. Schilf findet man am Rand von Flüssen und Feuchtgebieten. Die Wurzelstöcke können - wie diejenigen des Rohrkolbens - geerntet werden, um die Stärke zu gewinnen.

Zubereitung: Die ersten Schößlinge im Frühjahr können roh gegessen werden. Es ist aber günstiger, sie so lange zu kochen, bis sie weich genug sind. Die Pflanze sollte sofort nach der

Ernte zubereitet werden, weil Sie sonst eine zähe Mahlzeit erwartet. Schneiden Sie die Schößlinge in mundgerechte Stücke, und dämpfen Sie sie etwa fünf Minuten in einem Kochtopf. Im Herbst können Sie die Saat sammeln, zerstampfen und mit Beeren kochen. Die Samen können auch zu Mehl verarbeitet werden. Sie sollten sie auch einmal in einem Eintopf oder einer Suppe probieren.

Anwendung: Die Chinesen nutzen diese Pflanze, um Fieber zu senken, Durst zu löschen und den Harn- und Speichelfluß anzuregen.

Wilder Reis
(*Zizania aquatica*; öNAm)

Beschreibung: Großes schilfähnliches Gras mit schmalen Blattspreiten, die Blüten stehen in einer großen Rispe, bei der die oberen Blüten weiblich, die unteren männlich sind. Der Wilde Reis wächst in flachem, sauberen Wasser und kann im August und September geerntet werden. Dabei ist der Zeitpunkt ausschlaggebend. Überprüfen Sie Ihren Wildreisbestand oft. Reife Reiskörner fallen leicht herunter, so daß es wichtig ist, jeden Tag nachzusehen, um eine möglichst große Ausbeute zu erzielen.

Um die Spreu von der Saat zu trennen, drischt man mit einem Nudelholz. Man rollt einfach hin und her und entfernt dann die Spreu mit Hilfe eines Föns oder des Windes.

Zubereitung: Die einfachste Methode Wilden Reis zu kochen,

Wilder Reis

ist auf zwei Tassen leicht gesalzenes Wasser eine Tasse Reis zu geben und es etwa 35 Minuten köcheln zu lassen. Wilder Reis gibt auch eine hervorragende Füllung für Truthahn ab. Sie können Ihren Vorrat verlängern, indem Sie ihn halb und halb mit Naturreis mischen.

Gelbe Teichrose
(*Nuphar lutea*; Eur-wAs-nAfr)
und
Bunte Teichrose
(*N. variegatum*; Can-nUSA)

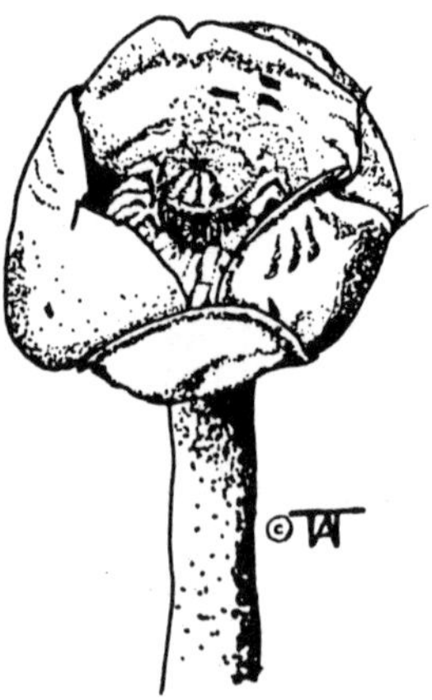

Teichrose

Beschreibung: Die Pflanzen besitzen flache, rundliche Blätter, die auf dem Wasser schwimmen, die Blüte ist gelb und im Vergleich zur Seerose relativ klein. Während des Sommers entwickelt sich aus der Blüte eine einfache Kapsel. Diese enthält viele Samen, wahrscheinlich die einzigen schmackhaften Teile dieser Pflanze. Der Wurzelstock der Teichrose kann ausgegraben werden, um ihn zu kochen. Er riecht süß wie ein Apfel, ist aber eine bittere Kost - sogar wenn man das Wasser beim Kochen zwei- oder dreimal wechselt. Also ist es nur eine Nahrung zum Überleben, wenn nichts anderes zu finden ist.

Zubereitung: Die Samen werden getrocknet und zu Mehl gemahlen oder wie Popcorn zubereitet. Passen Sie dabei aber auf, daß die Körner nicht aus dem Topf springen. Das Ergebnis ist meistens etwas enttäuschend. Aber man kann sie mit Salz und Butter essen.

Anwendung: Die Gelbe Teichrose wurde in der Volksheilkunde zur Herabsetzung der sexuellen Erregbarkeit verwendet.

Weiße Seerose
(*Nymphaea alba*; Eur-nwAfr)
und
Wohlriechende Seerose
(*N. odorata*; öNAm - im wEur stellenweise eingeb.)

Beschreibung: Große, tellerförmige Blätter mit einem Durchmesser von 15-25 cm, die flach auf dem Wasser liegen; die Blüte ist groß und weiß. Diese wunderschöne Wasserpflanze kann man einfach umpflanzen. Setzen Sie sie in einen Tontopf, untergetaucht in frischem Wasser.

Zubereitung: Die Pioniere aßen die entfalteten Blätter und die ungeöffneten Blütenknospen. Die Blütenblätter können in Salaten verarbeitet werden.

Seerose

Anwendung: Die getrocknete Wurzel wurde benutzt, um Mundentzündungen zu behandeln, und diente ganz allgemein als Adstringens (zusammenziehendes, blutstillendes Mittel). Außerdem wurden die Seerosen ähnlich wie die Teichrosen eingesetzt.

Pfeilkraut
(*Sagittaria sagittifolia*; Eur-As)
und
Großblättriges Pfeilkraut
(*S. latifolia*; NAm)

Beschreibung: Die ersten im Wasser schwimmenden Blätter sind grasartig, später entwickelt die Pflanze dreiteilig-pfeilförmige Blätter mit gefingerten Blattadern über dem Wasserspiegel. Dreizählige, weiße Blüten mit tellerförmigen Kronblättern sind charakteristisch. Das Pfeilkraut besitzt an den Wurzeln eßbare Knollen. Die Pflanze sieht dem giftigen Pfeilförmigen Aronstab ähnlich.

Um Verwechslungen zu vermeiden, sei folgender Unterschied bemerkt: Das Pfeilkraut hat fingernervige Blätter, alle Blattnerven gehen also von einem Punkt aus, wie die Finger einer Hand. Dagegen hat der Pfeilförmige Aronstab gefiederte Adern und die Blattnerven trennen sich über die ganze Länge von der Mittelrippe, die das Blatt durchläuft.

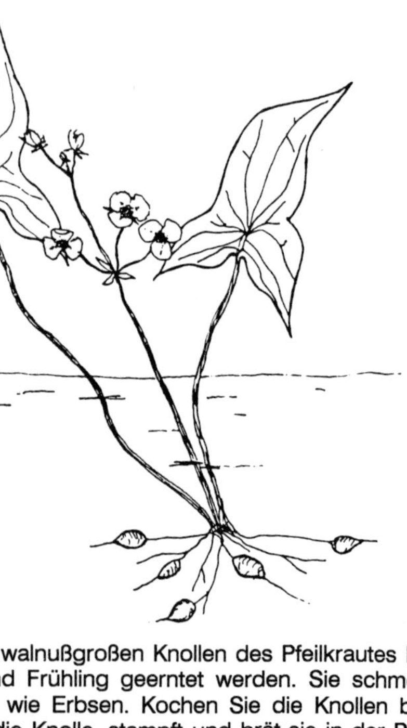

Pfeilkraut

Zubereitung: Die walnußgroßen Knollen des Pfeilkrautes können im Herbst, Winter und Frühling geerntet werden. Sie schmecken roh nußartig, gekocht wie Erbsen. Kochen Sie die Knollen bis sie gar sind. Man schält die Knolle, stampft und brät sie in der Pfanne. Besonders in Asien und Nordamerika werden die Knollen wegen ihres hohen Stärkegehaltes geschätzt.

Anwendung: Amerikanische Indianer benutzten die Wurzel, um Tuberkulose zu behandeln. Innerlich angewandt hilft sie gegen Fieber.

Hechtkraut
(*Pontederia cordata*; öAm)

Beschreibung: Pfeilförmige Blätter mit Adern, die der Basis entspringen und an der Spitze wieder zusammenlaufen, wie es oft bei Gräsern der Fall ist. Die blauen Blüten stehen in einer dichten Ähre.

Junge Blätter und reife Samen können gegessen werden. Die Blätter sind im Frühling am zartesten, wenn sie sich unter Wasser entfalten.

Hechtkraut

Zubereitung: Kochen Sie die Blätter mit Löwenzahn und Senfkraut. Würzen Sie das Gekochte mit italienischem Salatdressing und servieren Sie es heiß. Die Blütenblätter können in Salate gemischt werden.

Im Spätsommer reifen die Samen in zähen, ledrigen Kapseln. Öffnen Sie diese, um an die Saat zu gelangen. Essen Sie sie unterwegs oder trocknen Sie die Samen, um sie zu Mehl zu verarbeiten.

Sumpf-Dotterblume
(*Caltha palustris*; Eur-As-nNAm)

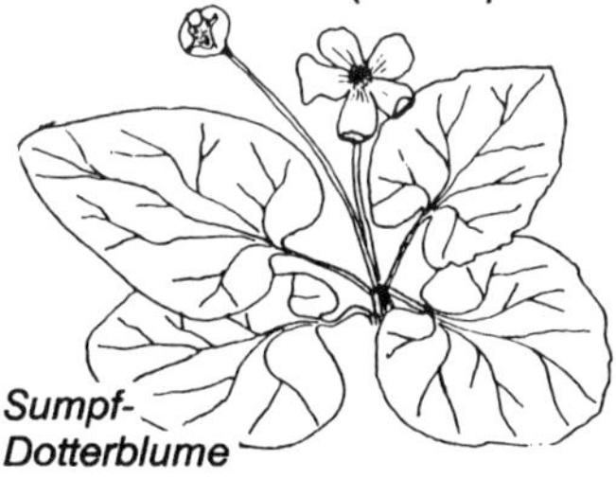
Sumpf-Dotterblume

Beschreibung: Die Sumpf-Dotterblume wächst auf moorigen Wiesen in der Sonne oder im Halbschatten, sie hat ovale Blätter und trägt leuchtend gelbe Blüten, die für diese Pflanze charakteristisch sind.

Zubereitung: Die Blätter werden im Frühling als Küchengewürz verwendet, noch bevor die Blüten erscheinen. Allerdings müssen die Blätter in mehrmals gewechseltem Wasser gekocht werden, weil sie extrem bitter sind; eigentlich ist es nicht der Zeit und Mühe wert. Schon besser eignen sich die Blütenknospen in Essig eingelegt als Kapernersatz.

Anwendung: Die Blätter dienen als Abführmittel und Hustensirup; bei Erkältungen wendet man den abgekochten Sud der Wurzel an.

Sumpf-Ampfer
(*Rumex verticillatus*)
und
Krauser Ampfer
(*R. crispus*; Eur-As - in NAm eingeb.)
und
Stumpfblättriger Ampfer
(*R. obtusifolius*; Eur-wAs - in NAm eingeb.)

Sumpf-Ampfer

Beschreibung: Breite, lanzettliche Blätter, manchmal gewellt. Glatte, lange Stengel mit grünen Blüten in Rispen. Sumpf-Ampfer findet man an feuchten Stellen. Die jungen Blätter, die gleich nach ihrem Erscheinen, gepflückt werden sollten, schmecken am besten. Ältere Blätter sind zäh und nicht genießbar.

Krausen Ampfer findet man an höher gelegenen Stellen, auf Weiden und Brachen. Die Saat ist eßbar und reift vom späten Sommer bis in den Herbst.

Anwendung: Die Wurzel des Krausen Ampfers wird als Abführmittel benutzt und mit Essig gegen Flechte eingesetzt. Sumpf-Ampfer wurde - ohne Erfolg - gegen Pocken verabreicht.

Löwenzahn
(*Taraxacum officinale*; Eur-zAs-zNAm)

Löwenzahn

Beschreibung: Gelbe Blütenköpfe; die Blätter sind unregelmäßig stark gebuchtet und stehen in einer basalen Rosette; die Pflanze besitzt eine große Pfahlwurzel. Die Blätter, Wurzeln, der kurze Trieb und die Blütenblätter sind eßbar. Die Saat kann man gut als Vogelfutter verwenden.

Die Blätter schmecken am besten im Frühjahr, bevor die Pflanzen zu blühen beginnen. Ältere, bittere Blätter können geschmacklich verbessert werden, indem man sie für eine Stunde in Wasser einweicht und einen Teelöffel Soda hinzusetzt. Die Blätter sind reich an Vitamin A, C und B_1.

Zubereitung: Mein Lieblingsrezept ist folgendes: Schneiden Sie zwei Handvoll Löwenzahnblätter klein und mischen Sie 1/4 Tasse gehackte Nüsse Ihrer Wahl darunter. Fügen Sie den Saft einer halben Zitrone hinzu und rühren Sie drei Eßlöffel Honig und einen Teelöffel Olivenöl unter. Nun haben Sie eine Mahlzeit mit vielen Vitaminen und hohem Energiegehalt.

Die Blüten können gut in einem gemischten Salat verwendet werden. Der Sproß der Pflanze, der weißliche Abschnitt unter den Blättern und über der Wurzel, kann auch genutzt werden: erst werden die Stücke in Backteig getaucht und dann fritiert. Versuchen Sie es, es wird Ihnen schmecken.

Man kann außerdem Löwenzahn-Kaffee aus den Wurzeln herstellen. Zuerst werden sie an einem warmen Platz getrocknet und dann leicht geröstet und schließlich gemahlen. Ein Teelöffel Pulver auf eine Tasse heißes Wasser gibt ein bitteres Getränk, das gut für die Leber ist.

Anwendung: Aus den Wurzeln hergestellter Löwenzahn-Tee wurde als Abführmittel, zur Blutreinigung und als harntreibendes Mittel verwendet. Über 5.000 Jahre wurde Löwenzahn gegen Fieber eingesetzt, um Blutgerinnsel aufzulösen und um den Milchfluß bei stillenden Müttern zu stimulieren. Beobachtungen in jüngerer Zeit lassen vermuten, daß sich Löwenzahn-Tee u.U. günstig auf den Zustand der Leber von Alkoholikern auswirken kann.

Stachelsalat / Kompaßpflanze

(*Lactuca serriola*; Eur-As - in NAm eingeb.)

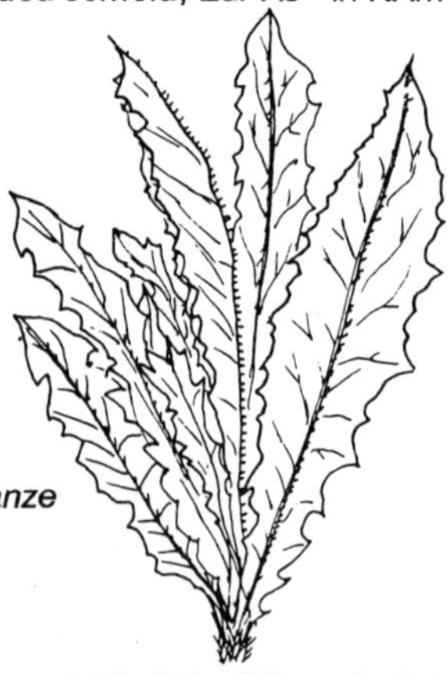

Kompaßpflanze

Beschreibung: Die salatähnliche Pflanze hat einen weißen, klebrigen Saft in den Stengeln; die Blätter sind wechselständig, lanzettlich und gezähnt mit einem stacheligen Rand. Die kleinen, gelben Blüten erscheinen in Köpfen.

Zubereitung: Die blanchierten Blätter schmecken bitter.

Anwendung: Stachelsalat wurde zur Unterdrückung von Husten verabreicht. Ungefähr vor 200 Jahren wurden diese Pflanze und "Wilder Opium" (*Lactuca canadensis*) destilliert und galten als ein sehr schwaches, opiumartiges Beruhigungsmittel.

Vogelmiere
(v.a. *Stellaria media*; circpol)

Vogelmiere

Beschreibung: Die ovalen Blätter sind 6-12 mm lang, die Stengel wachsen niederliegend und sind behaart, die Blüten sind weiß, etwa 12 mm groß und haben fünf tief zweispaltige Blütenblätter. Die Vogelmiere ist ein weit verbreitetes Unkraut, das roh oder gekocht gegessen werden kann.

Zubereitung: Mischen Sie Blüten und Blätter unter Salate. Wenn Sie sie mit Kaninchen, Huhn oder Rindfleisch schmoren wollen, sollten Sie ca. vier Tassen Blüten, Blätter und Stengel dem Gericht zusetzen.

Für Vogelmieren-Pfannkuchen blanchieren Sie eine Tasse Vogelmiere drei Minuten lang und zerkleinern Sie die Blätter in einem Mixer. Fügen Sie das zerhackte Grün Ihrem Pfannkuchenteig zu. Später im Jahr, wenn die Samen reifen, können sie verwendet werden, um Suppen anzudicken. Außerdem sind sie ein gutes Vogelfutter.

Hirtentäschel

(*Capsella bursa-pastoris*; gemEur-As-nAfr - weltweit eingeb.)

Beschreibung: Die einjährige Pflanze entwickelt eine Pfahlwurzel. Die grundständige Blattrosette besteht aus fiederspaltigen Blättern, die Stengelblätter sind pfeilförmig und stengelumfassend. Die weißen Blüten erscheinen in Trauben und werden zu dreieckigen Schötchen.

Zubereitung: Ernten Sie die jungen Blätter vor der Blüte. Feingehackt in Mehlschwitze ergeben sie eine leckere Suppe. Natürlich ist die Pflanze auch als Gemüse verwendbar.

Anwendung: Das Hirtentäschel ist blutstillend und gerinnungsfördernd. Es findet sowohl innerlich (z.B. bei Gebärmutterblutungen) als auch äußerlich auf Wunden Anwendung.

Große Brennessel

(*Urtica dioica*, circpol)

Beschreibung: Die Stengel und Blätter sind behaart und stechen bei Berührung. Diese Wirkung geht allerdings beim Kochen der Pflanze verloren. Die Blätter sind grob gezähnt. Die Brennessel ist eine häufige Pflanze an Wegrändern, auf Feldern und in Wäldern.

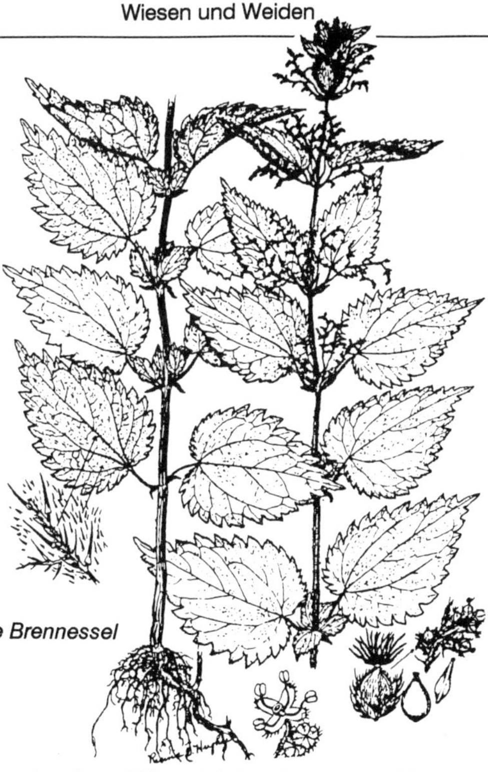

Große Brennessel

Zubereitung: Mit Wilder Möhre, Wildem Lauch und Löwenzahn kochen, dann das Gericht mit Sojasoße abschmecken. Kochen Sie die älteren Pflanzen aus und werfen Sie sie weg, um die Brennesselbrühe für Suppen oder als erfrischenden Vitamin-Trunk zu nutzen.

Vorsicht: Verwechseln Sie die haarige Brennessel nicht mit der dornigen und giftigen Pferde-Nessel (*Solanum carolinense*).

Anwendung: Der Tee hilft bei Diarrhöe. Abkochungen wirken harntreibend. Kräutersammler reiben die ganze Pflanze über gichtige Gelenke und Muskeln.

Lanzett-Kratzdistel / Gemeine Kratzdistel

(Cirsium vulgare; Eur-wAs - in NAm eingeb.)

Gemeine Kratzdistel

Beschreibung: Diese stachelige, zweijährige Pflanze hat violette Blüten, die in einem dornigen Blütenkopf stehen. Die stechenden Blätter des ersten Jahres können nach dem Entfernen der Stacheln gegessen werden.

Zubereitung: Tragen Sie Handschuhe, wenn Sie die Wurzeln und Blätter dieser Pflanze ernten. Streifen Sie die Stacheln an den Blättern mit einem Messer ab und essen Sie sie roh oder gekocht. Der Geschmack ist dem des Selleries ähnlich. Sammeln Sie die Blätter im Frühling und im Herbst.

Im Sommer streut man die Blütenblätter über Salate. Die Wurzeln schmecken gekocht, in Scheiben geschnitten und gebraten. Manche Leute essen die gekochten Blütenköpfe wie Artischocken.

Anwendung: Die Chinesen nutzen Disteltee und Abkochungen der Pflanze gegen innere Blutungen, Blinddarm- und andere Entzündungen.

Breit-Wegerich

(*Plantago major*; Eur-As - in NAm eingeb.)

und

Spitz-Wegerich

(*P. lanceolata*; Eur-wAs - in NAm eingeb.)

Beschreibung: Die kleinen, grünen Blüten erscheinen zahlreich in einer Ähre. Die Blätter sind breit, oval und zugespitzt, beim Spitz-Wegerich lanzettlich. Hier ist die Blütenähre länger als bei *Plantago major*. Am besten erntet man Wegerich, bevor er zu blühen beginnt, aber neue Blätter wachsen das ganze Jahr über heran.

Breit-Wegerich

Zubereitung: Junge, zarte Blätter kann man gut für Salate verwenden. Ältere Blätter werden zehn Minuten lang in Salzwasser gewässert und dann gedämpft, bis sie gar sind. Die getrocknete Saat kann als Ganzes gegessen oder zu Mehl gemahlen werden.

Anwendung: Als hausgemachtes Abführmittel galt die Saat vom Sand-Wegerich (*Plantago arenaria*). Die chinesischen Barfußärzte verwenden die ganze Pflanze als Tee bei Fieber und um Heilungsprozesse zu beschleunigen.

Huflattich

(*Tussilago farfara*; Eur-wAs-nAfr - in NAm eingeb.)

Beschreibung: Die Blüten dieser Pflanze erscheinen vor den Blättern in einem gelben Blütenkopf an einem Stengel mit rötlichen Schuppenblättern. Sie öffnen sich nur in der vollen Sonne.

Später findet man die Blätter in Gruppen vom Wurzelstock her aufsteigend. Sie sind unterseits graufilzig und können bis zu 30 cm Durchmesser erreichen. Der Blattstiel ist oben rinnig vertieft. Der Huflattich wächst auf Äckern, Brachen und an Wegen mit lehmigem Boden.

Zubereitung: Besonders schmackhaft sind die jungen, noch behaarten Blätter. Man verwendet sie roh als Salat, gekocht als Kräutersuppe oder Gemüse. Sie können Gehacktes oder auch anderes Fleisch darin einwickeln und garen. Getrocknet geben die Blätter einen guten Hustentee ab.

Anwendung: Als Hustenmittel wird dem Huflattich eine entzündungshemmende Wirkung zugeschrieben. Die jungen, filzigen Blätter sollen, auf die Stirn gelegt, Kopfschmerzen lindern.

Wiesen-Kerbel

(*Anthriscus sylvestris*; Eur-As-nAfr - im nöNAm eingeb.)

Beschreibung: Pflanze bis 1,5 m Höhe, die häufig auf Wiesen und an Waldrändern steht; die Blätter sind zwei- bis dreifach gefiedert, die weißen Blüten stehen in Dolden, die Pflanze hat einen aromatischen Geruch.

Vorsicht: Bei dieser Gewürzpflanze der Doldenblütler-Familie besteht die Gefahr, daß sie mit dem tödlich-giftigen Schierling verwechselt wird!

Zubereitung: Das Kraut wird vor der Blüte geerntet, der Geschmack ist aromatisch, ähnlich dem des Anis. Sie können eine Brühe kochen, in die Sie feingehackten Kerbel geben. Nach kurzem Aufwallen kann die Suppe gegessen werden. Außerdem ist der Wiesen-Kerbel ein vielseitiges, Vitamin-C-haltiges Gewürz für viele Speisen.

Gundermann

(*Glechoma hederacea*; Eur-As - im öNAm eingeb.)

Beschreibung: Kriechende Pflanze mit violetten Stengeln. Die Blätter sind rundlich, gekerbt und nierenförmig, die Blüten stehen in Quirlen. Gundermann ist das ganze Jahr über verfügbar. Die Blätter können getrocknet und in heißem Wasser etwa zehn Minuten aufgebrüht werden.

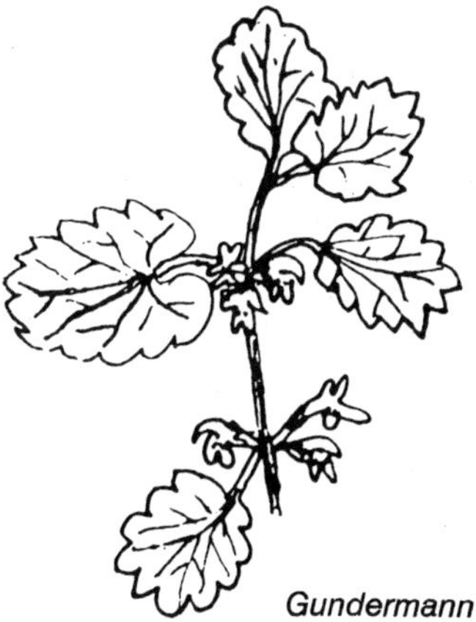

Gundermann

Anwendung: Der Tee findet bei Masern Anwendung. Die Chinesen senken damit Fieber, lösen Steine der Harnwege auf, regen den Kreislauf an, bekämpfen Entzündungen, behandeln Grippe und lindern Schmerzen.

Beifuß

(*Artemisia vulgaris*; Eur-As - im öNAm eingeb.)

Beschreibung: Die verzweigten Pflanzen werden bis zu zwei Meter hoch und bringen ein- bis zweifach gefiederte Blätter hervor, die unterseits weißfilzig sind.

Die eiförmigen, braunen Blütenköpfe haben einen Durchmesser von etwa vier Millimetern und stehen in Rispen. Auf Brachen und an Wegrändern begegnet man häufig den rot überlaufenen Stengeln des Beifußes.

Zubereitung: Die blühenden Triebspitzen werden im Hochsommer geerntet und als Gewürz an fetten Speisen verwendet.

Anwendung: Beifuß regt den Gallefluß an, steigert den Appetit und ist ein Wurmmittel. Er kann als Tee zubereitet werden und wirkt ähnlich wie der Wermut (*Artemisia absinthum*), dessen Blüten rein gelb und dessen Blätter auch oberseits weißfilzig sind.

Gänseblümchen
(*Bellis perennis*; Eur-swAs)

Beschreibung: Die grundständige Blattrosette setzt sich aus spatelförmigen, einfachen Blättern zusammen. Die Blütenstengel sind anliegend behaart, blattlos und tragen einen Blütenkopf von ein bis drei Zentimetern Durchmesser. Die äußeren Zungenblüten sind weiß oder rosa überlaufen, die inneren Röhrenblüten sind gelb. Die Blütenköpfe schließen sich bei Regen oder bedecktem Himmel.

Zubereitung: Blütenknospen und Blätter werden gesammelt und zu Feldsalaten, Gemüse oder Suppe verarbeitet. Probieren Sie einmal gehackte Gänseblümchenblätter mit Frischkäse auf Brot. Sie haben einen frischen, nußartigen Geschmack. Wenn Sie einen Salat mit saurer Sahne oder mit Essig und Öl bereiten, sollten Sie ihn eine halbe Stunde ziehen lassen, um den Geschmack zu verbessern.

Anwendung: Die Blätter wirken blutreinigend. Frischer Saft mit Honig wurde früher gegen Erkrankungen der Luftwege eingesetzt. Äußerlich wurde das Gänseblümchen bei Akne und zur Wundbehandlung verwendet.

Wiesen-Schaumkraut
(Cardamine pratensis; Eur-nAs-nNAm)
und
Bitteres Schaumkraut
(*C. amara*; Eur-wAs)

Beschreibung: Das Wiesen-Schaumkraut hat einen runden, hohlen Stengel und eine grundständige Rosette, während das Bittere Schaumkraut einen kantigen, markigen Stengel ohne eine solche Rosette bildet. Die Blätter sind unpaarig gefiedert und tragen unten an der Pflanze rundliche bzw. oben linealische Blättchen. Das Wiesen-Schaumkraut hat weiße bis rosafarbene Blüten mit gelben, die andere Art mit violetten Staubbeuteln. Beide Arten findet man auf feuchten Wiesen.

Zubereitung: Beide Pflanzen sehen der Brunnen-Kresse ähnlich und werden auch wie diese verwendet. Dabei ist das Bittere Schaumkraut weniger scharf, dafür aber bitterer. Sie können junge Blätter und das Kraut mit Blütenknospen sammeln und als würziges Grün in Salaten oder als Gemüse verwenden.

Anwendung: Schaumkraut hilft gegen Ausschläge und Skorbut (Vitamin-C-haltig), wirkt harntreibend und regt den Stoffwechsel an. Die Blüten und das daraus destillierte ätherische Öl helfen bei Krämpfen (angeblich auch bei Epilepsie).

Kanadisches Fingerkraut
(*Potentilla canadensis*; nöNAm)
und
Gänse-Fingerkraut
(*P. anserina*; circpol)

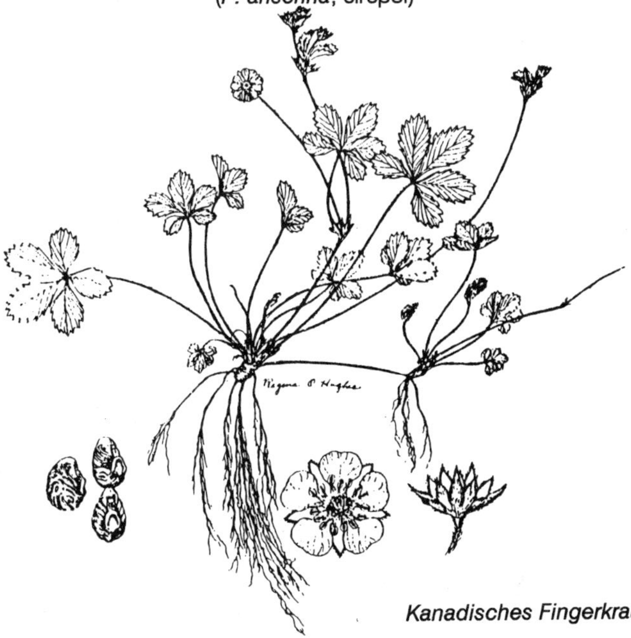

Kanadisches Fingerkraut

Beschreibung: Die Blätter setzen sich aus länglichen, gezähnten Blättchen zusammen. Sie sind beim Gänse-Fingerkraut unterseits seidig behaart. Die Blüten sind gelb. Man findet die Pflanzen auf Feldern, Wiesen und Brachen.

Zubereitung: Die Blätter der Fingerkräuter dienen als vielseitiges Gemüse in Suppen und Salaten. Auch fein zerhackt in Quark oder Frischkäse entfalten sie einen guten Kräutergeschmack.

Anwendung: Die Fingerkräuter sind oft Bestandteile krampflösender und beruhigender Mittel, u.a. werden sie auch bei schmerzhafter Regelblutung verwendet. Bei einer weiteren Art, dem Blutwurz (*Potentilla erecta*), werden die Wurzeln genutzt: Getrocknet und gemahlen werden sie bei Entzündungen oder, als Aufguß, für Mundspülungen und Umschläge eingesetzt.

Purpurrote Taubnessel

(*Lamium purpureum*; Eur - im öNAm eingeb.)

Purpurrote Taubnessel

Beschreibung: Die Purpurrote Taubnessel sieht dem Gundermann ähnlich, wächst aber aufrecht. Die kleinen, purpurfarbenen Blüten stehen ebenfalls in Quirlen. Die Pflanzen findet man an Feld- und Wegrändern.

Zubereitung: Die jungen Blätter und Blüten kann man als Salat nutzen. In Gemüsesuppen und Eintöpfen können Sie die ganzen Pflanzen kochen.

Weißer Gänsefuß

(*Chenopodium album*; circpol)

Beschreibung: Den Gänsefuß findet man auf Feldern, Brachen und in fast jedem Garten. Eine kräftige Pflanze kann etwa 90 cm hoch werden. Allerdings sind es nur die jungen, zarten Blätter und Triebspitzen, die gute Salatbeilagen ergeben.

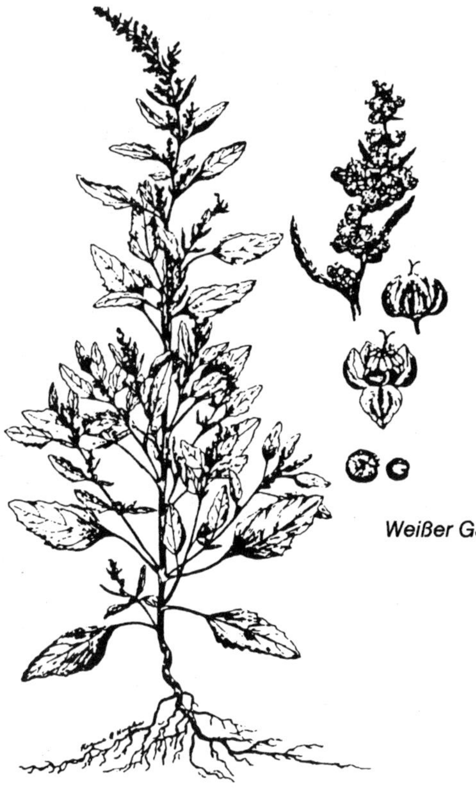

Weißer Gänsefuß

Zubereitung: Als Gemüse kochen Sie den Weißen Gänsefuß etwa fünf Minuten mit Senfkraut und Löwenzahnblättern. Für eine nahrhafte Mahlzeit können Sie die Saat Brot- oder Kuchenrezepten zusetzen.

Veilchen

(*Viola spp.*; circpol)

Veilchen

Beschreibung: Die Blüten sind monosymmetrisch (sie haben nur eine Symmetrieachse), die Blätter sind recht verschieden gestaltet, oft jedoch oval, beim Schmetterlings-Veilchen (*Viola papilionacea*) herzförmig und gesägt.

Man findet Veilchen am Rand von Rasenflächen an schattigen Stellen. In Frankreich werden sie zur Parfümherstellung angebaut. Diese eßbare Pflanze ist reich an Vitamin A und C.

Zubereitung: Beides, Blätter und Blüten, können in Salaten gegessen werden. Die Blüten können kandiert werden. Dazu schlagen Sie ein Eiweiß mit Puderzucker steif. Tauchen Sie die Blüten darin ein und fritieren Sie die Süßigkeit.

Vorsicht: Später im Jahr können Pflanzen ohne Blüten mit nicht Eßbarem verwechselt werden. Ernten Sie diese Pflanzen nur, wenn sie blühen.

Anwendung: Die Wurzeln der Veilchen wirken als Brech- und Abführmittel, wenn Sie in großen Mengen verzehrt werden. Die Pflanzen werden für Umschläge bei Hautabschürfungen verwendet. Chinesische Barfußärzte benutzen eine Art, *Viola diffusa*, um aplastische Anämie, Leukämie, Brustentzündungen, Mumps und Bisse giftiger Schlangen zu behandeln.

Kermesbeere

(*Phytolacca americana*; öNAm - im sEur-nAfr eingeb.)

Beschreibung: Die großen Blätter sitzen an rötlichen, rauhen Stengeln. Die grünlich-weißen Blüten und die purpur-schwarzen Beeren stehen in einer Ähre. Die Kermesbeere gibt es auf brach liegendem

Land fast überall in Nordamerika. Sehr junge Blätter, wenn sie sich gerade entfalten, können gekocht gegessen werden, nachdem das Wasser mindestens zweimal gewechselt wurde.

Vorsicht: Wurzeln, Stengel und Beeren dieser Pflanze sind giftig. Es ist besser, die Kermesbeere zu meiden, es sei denn, Sie sammeln mit einem Botaniker zusammen.

Anwendung: Die Pflanze wirkt leicht narkotisch, erbrechend und abführend. Die Beeren werden bei Umschlägen auf Wunden und Verletzungen angewendet. Aufgüsse der Samen und Früchte helfen bei Gicht.

Kermesbeere

Thymian
(*Thymus pulegioides*; Eur)
und
Quendel
(*T. serpyllum*; mEur - im nöNAm eingeb.)

Beschreibung: Aromatisch riechende Pflanze mit viereckigem Stengel, der am Ende kopfig gedrängte Blüten trägt. Die Blätter sind klein und oval. Sie finden den Thymian auf trockenen, sandigen Böden.

Zubereitung: Der Thymian ist ein Küchengewürz. Er verleiht Würsten, Braten und Suppen Geschmack. Auch Likör kann aus dieser Pflanze hergestellt werden.

Anwendung: Besonders der Echte Thymian (*Thymus vulgaris*), aber auch die verwandten Arten geben einen guten Hustentee ab. Die Gerb- und Bitterstoffe entfalten ihre Wirkung bei Magen- und Darmbeschwerden. In Vorderindien wird der Thymian gegen Würmer eingesetzt. Das ätherische Öl des Krautes ist geruchshemmend und dient als Gurgelmittel, Rasierwasser und zum Parfümieren von Seifen.

Garten-Kresse
(*Lepidium sativum*; nAfr- in Eur eingeb.)
und
Virginische Kresse
(*L. virginicum*; NAm)

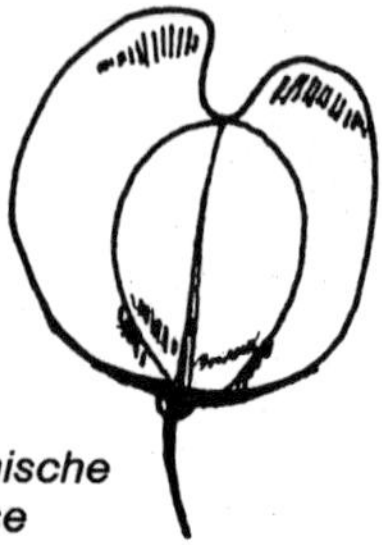
Virginische Kresse

Beschreibung: Die Samen sind flach und geflügelt. Sie haben einen scharfen Geschmack. Die Blätter der Virginischen Kresse sind lanzettlich und gezähnt, während diejenigen der Garten-Kresse fiederspaltig sind. Die Samen würzen Salate und andere Speisen. Die jungen Blätter sind eßbar, aber scharf. Verwenden Sie sie sparsam.

Anwendung: Der Tee aus den Blättern und der Saat soll angeblich den Geschlechtstrieb erhöhen. Amerikanische Indianer gebrauchten die Pflanze als ein Allheilmittel.

Wilder Spargel
(*Asparagus officialis*; Eur-nAfr-wAs - in NAm stellenweise eingeb.)

Beschreibung: Der Wilde Spargel ist ein einfacher, grüner Stengel, wenn er im Frühjahr erscheint. Man findet ihn an Knicks und Straßenrändern. Hier kann der Spargel allerdings mit Benzin, Blei, Öl und Autoabgasen belastet sein. Suchen Sie den Spargel im Herbst, wenn er eine große Pflanze mit federartigen Blättern ist. Markieren Sie die Stelle und ernten Sie den Spargel im folgenden Frühling.

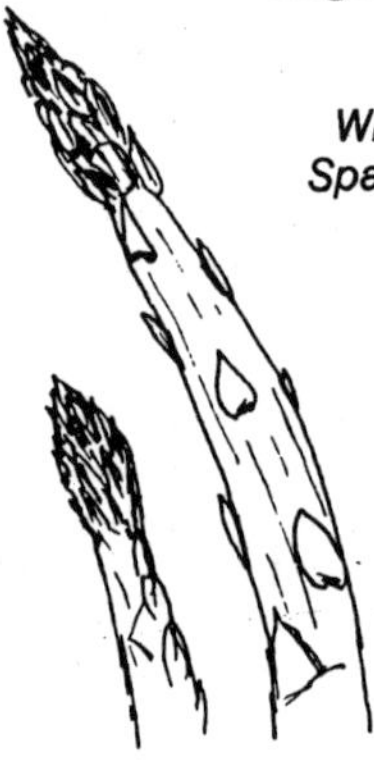
Wilder Spargel

Zubereitung: Ein leckeres Rezept sind Spargelröllchen. Legen Sie dafür drei Spargelstangen auf eine Mehltortilla und bedecken Sie sie mit Käse und Majonäse. Nach 35 Sekunden in der Mikrowelle auf höchster Stufe kann die Tortilla mit Bohnenkeimlingen bedeckt und eingerollt werden.

Wilde Möhre
(*Daucus carota*; Eur-wAs - in NAm eingeb.)

Beschreibung: Diese zweijährige Pflanze hat feine, tief zerschlitzte Blätter. Im zweiten Jahr erscheinen die weißen Blüten in Dolden. In der Mitte der Dolde ist meist eine schwarze Blüte zu finden. Die Wurzel riecht und schmeckt wie die Zuchtmöhre, ist aber zäh und holzig.

Vorsicht: Versichern sie sich , daß die Pflanze den typischen Möhrengeruch hat, bevor Sie sie essen. Sie sieht dem Schierling ähnlich.

Wilde Möhre

Zubereitung: Die Wilde Möhre eignet sich gut für Gemüse-Eintöpfe, da sie den typischen Möhrengeschmack entfaltet. Essen Sie den weichen Teil rund um das zähe Innere der Wurzeln. Die Möhren enthalten viel Vitamin A und Ballaststoffe.

Kleine Klette
(*Arctium minus*; Eur-wAs-nAfr - in NAm eingeb.)

Beschreibung: Große Blätter, die wie Elefantenohren aussehen; die Pflanze hat eine mächtige Pfahlwurzel und wächst fast überall. Im Juni oder Juli werden die einjährigen Wurzeln dieser zweijährigen Pflanze ausgegraben.

Kleine Klette

Zubereitung: Schälen Sie die Wurzeln und schneiden Sie sie in dünne Streifen. Sind sie bitter, so sollten Sie das Wasser beim Kochen zweimal wechseln. Servieren Sie die Klettenwurzeln heiß mit Butter und saurer Sahne. Falsche Selleriesuppe kann mit den jungen Blattstengeln zubereitet werden. Nehmen Sie Kletten, Wilde Möhren und Wilden Lauch und kochen Sie alles mit Geflügelbrühe; würzen, und das Gericht ist servierfertig.

Anwendung: Im 18. Jahrhundert behandelte man Gonorrhöe und Syphilis mit Klette. Amerikanische Indianer verabreichten diese Pflanze gegen Skorbut, Verletzungen und Rheumatismus. Chinesen nutzen sie bei Mandelentzündung und Grippe, als Umschlag bei Verbrennungen und Abszessen.

Topinambur / Erdbirne

(*Helianthus tuberosus*; zNAm - im zEur eingeb.)

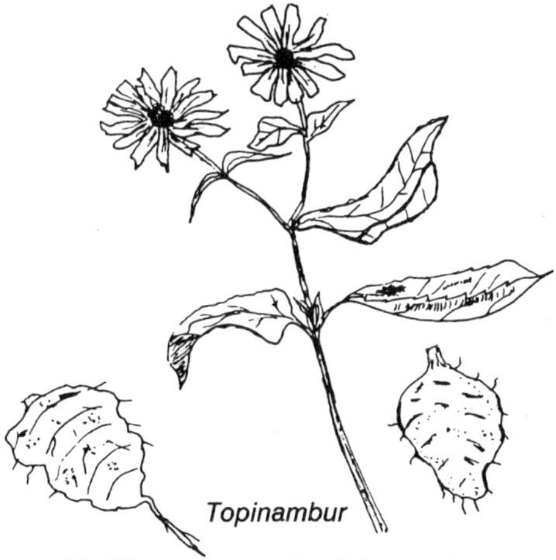

Topinambur

Beschreibung: Die Pflanze trägt gelbe Blütenköpfe und breite, ovale, rauhe Blätter, die unten gegenständig und oben wechselständig sind. Der Stengel ist behaart, die Wurzeln bilden Knollen. Der Topinambur wächst an Wegrändern und kann in den eigenen Garten verpflanzt werden, um dann Jahr für Jahr ein ergiebiger Nahrungslieferant zu sein. Geerntet werden die Knollen im Herbst oder Frühling.

Zubereitung: Die Knollen können in Scheiben geschnitten roh gegessen werden. Sie schmecken wie Kastanien. Sie werden aber auch wie Kartoffeln gebacken oder gekocht zubereitet. Es lohnt sich, diese Pflanze zu suchen.

Wegwarte
(*Cichorium intybus*; Eur-NAs-nAfr - überall eingeb.)

Wegwarte

Beschreibung: Die lanzettlichen Blätter sind tief eingeschnitten und haben einen steifen Stachel am mittleren Blattnerv. Die Blüten sind blau.

Die Pflanze ist häufig in ländlichen Gegenden anzutreffen.

Zubereitung: Die Wurzel wird getrocknet, gemahlen und mit Kaffee gemischt. Die jungen Blätter sind eßbar, obwohl sie meist bitter schmecken.

Anwendung: Die Pflanze kann als Nerventonikum genutzt werden.

Silber-Weide
(*Salix alba*; Eur-wAs - in NAm eingeb.)
und
Schwarz-Weide
(*Salix nigra*; NAm)

Beschreibung: Es handelt sich um Bäume oder Sträucher, die vorwiegend an feuchten Stellen wachsen und mit lanzettlichen, fein gezähnten Blättern ausgestattet sind. Die Silber- und die Schwarz-Weide sind in jüngster Zeit als medizinische Pflanzen bekannt geworden. Das Salicin der Weiden hat eine Wirkung gegen Entzündungen wie etwa Aspirin.

Anwendung: Man macht Tee aus den Stengeln und den Blättern. Tauchen Sie die Stücke in heißes Wasser und lassen Sie den Tee eine Minute ziehen. Er kann bei leichten Kopfschmerzen helfen.

Vorsicht: Eine zu hohe Dosis Salicin kann gefährlich sein. Fragen Sie Ihren Arzt, bevor Sie diesen Tee ausprobieren.

Silber-Weide

Königskerze
(*Verbascum phlomoides* und *V. blattaria*; Eur-wAs - in NAm eingeb.; *V. thapsiforme*; Eur)

Beschreibung: Die Pflanze besitzt große, behaarte Blätter und gelbe Blüten. Sie ist zweijährig mit einer grundständigen Rosette im ersten Jahr, um dann im zweiten Jahr einen langen, aufrechten Blütenstand zu bilden. Sie wächst vorwiegend auf verlassenen Grundstücken und Brachen in der vollen Sonne. Die Indianer stopften Ihre Mokassins mit den warmen, wolligen Blättern aus.

Königskerze

Anwendung: Der Tee der Blätter und besonders der Blüten hilft bei Erkältungen und Bronchitis. Die haarigen Blätter werden benutzt, um die Schmerzen von Brennesselstichen zu lindern.

Rot-Klee

(*Trifolium pratense*; Eur-zAs - in NAm eingeb.)

Beschreibung: Die Blätter bestehen meist aus drei Blättchen, die oft eine schwache Zickzackzeichnung tragen. Die rotvioletten Blütenblätter können in Salaten roh gegessen oder unter Rühren gebraten werden.

Anwendung: Erfahrene Kräutersammler benutzten den Rot-Klee, um Schnittwunden, Verbrennungen und Leberleiden zu behandeln.

Rot-Klee

Wilder Knoblauch

(*Allium sativum*; wAs - sonst eingeb.)

Wilder Knoblauch

Beschreibung: Lange, schmale Blätter; die Blüten tragen kleine, grüne Brutzwiebeln, die später herunterfallen und so der Verbreitung dienen.

Zubereitung: Wilder Knoblauch ist ein intensives, scharfes Küchengewürz.

Anwendung: Wilder Knoblauch, Schnittlauch und Zwiebeln senken den Blutdruck und den Cholesterinspiegel sowie den Blutzucker.

Der Knoblauch ist verdauungsfördernd und wird in warmen Ländern auch vorbeugend gegen Wurmkrankheiten eingesetzt.

Kleiner Sauer-Ampfer
(*Rumex acetosella*; circpol)

Kleiner Sauer-Ampfer

Beschreibung: Die dicklichen, sukkulenten Blätter haben an der Basis zwei Seitenlappen, die wie der mittlere Teil des Blattes spitz zulaufen (spießförmiges Blatt). Die Blätter schmecken sauer. Sie finden den Sauer-Ampfer auf Brachen, an Waldrändern und in Gärten. Erntezeiten sind Frühling und Herbst.

Zubereitung: Verwenden Sie die Pflanze wie Sauerklee. Essen Sie nur wenig Sauer-Ampfer.

Wiesen-Bocksbart

(*Tragopogon pratensis*; Eur-wAs - im öNAm eingeb.)

Beschreibung: Wiesen-Bocksbart sieht wie ein großer Löwenzahn aus. Eine gelbe Blüte und die tief und scharf gebuchteten Blätter sind die Merkmale.

Zubereitung: Die Wurzel ist eßbar, sie schmeckt am besten gekocht und dann gebraten.

Anwendung: Der erkaltete Aufguß der Pflanze hilft bei Eiterbeulen und als Gurgelmittel bei Halsentzündungen.

Wiesen-Bocksbart

Beinwell

(*Symphytum officinale*; Eur-wAs - in NAm eingeb.)

Beschreibung: Die Blätter sind groß, länglich und steifhaarig. Die Stengel sind hohl, die Blüten weiß bis rot-violett und röhrig. Beinwell wächst im feuchten Tiefland.

Vorsicht: Diese Pflanze steht im Verdacht, krebserregend zu sein.

Zubereitung: Die Pflanze wird roh oder gekocht verzehrt.

Anwendung: Die Pflanzenteile wirken zusammenziehend.

Amerikanische Indianer benutzten Beinwell bei Ruhr, Gonorrhöe und Sodbrennen.

Beinwell

Pfefferminze
(*Mentha piperita*; Eur - überall eingeb.)

Beschreibung: Pfefferminze wächst, wie die Grüne Roß-Minze (*Mentha spicata*), an feuchten Stellen in der Nähe von Flüssen und Seen. Der vierkantige Stengel (wie bei den meisten Lippenblütlern), gegenständige und gesägte Blätter kennzeichnen sie. Zerrieben hat die Pflanze einen starken Minzegeruch. Neben der besonders wertvollen Pfefferminze können auch andere Minzearten verwendet werden, wie zum Beispiel die Wasser-Minze (*M. aquatica*), die Acker-Minze (*M. arvensis*) und die Grüne Roß-Minze (*M. spicata*).

Zubereitung: Die Blüten finden in Salaten Verwendung, die Blätter geben kalten Getränken und Tees den Geschmack.

Pfefferminze

Anwendung: Mit dem Öl behandelt man Koliken, mit dem Tee Erkältungen, Fieber und Kopfschmerzen.

Echte Kamille
(*Chamomilla recutita*; Eur-wAs - im nöNAm eingeb.)
und
Römische Kamille
(*Chamaemelum nobile*; wEur - im öNAm eingeb.)

Beschreibung: Aromatische Pflanze mit schmalen, fein zerteilten Blättchen; die Blütenköpfe stehen am Ende von verzweigten Trieben. Sie sind außen weiß und innen gelb. Von der Römischen Kamille gibt es auch Formen mit gefüllten Blütenköpfen, die nur die weißen Zungenblüten tragen. Die Kamille steht auf sandigem Boden in der prallen Sonne.

Römische Kamille

Anwendung: Die Blüten ergeben einen Tee, der beruhigend und entspannend wirkt.

Er wird manchmal auch bei Verdauungsstörungen getrunken. Das Inhalieren eines Kamilleaufgusses hilft bei Entzündungen der Schleimhäute. Übermäßiger Genuß führt eventuell zum Erbrechen .

Schafgarbe
(*Achillea millefolium*; Eur-wAs - in NAm eingeb.)

Schafgarbe

Beschreibung: Aromatische Pflanze, niederliegend oder aufrecht; die Blätter sind federartig gefiedert und leicht behaart, die Blüte ist weiß bis rosa. Sie wächst in der Sonne oder im Halbschatten. **Vorsicht**: Die Schafgarbe ähnelt dem giftigen Schierling.

Anwendung: Als Umschlag auf Wunden oder als Erkältungstee.

Tag-Lilie

(*Haemerocallis fulva*; As-Eur - im öNAm eingeb.)

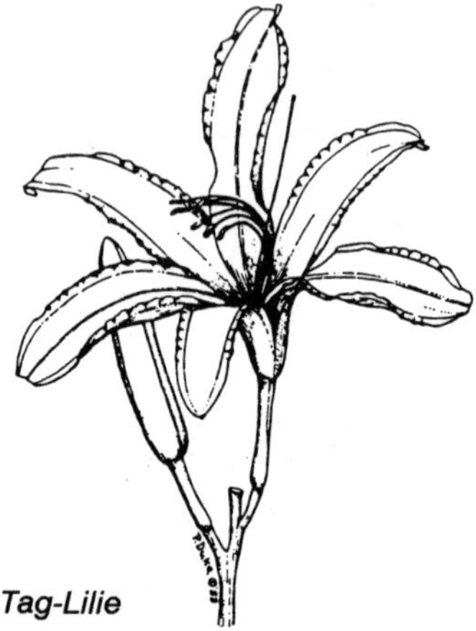

Tag-Lilie

Beschreibung: Eine gelbe, knollige Wurzel, schmale, lanzettliche Blätter und eine orange Lilienblüte kennzeichnen die Tag-Lilie.

Man findet diese Pflanze an Wegrändern. Verpflanzen Sie sie in unbelasteten Boden, weg von der üblichen Verschmutzung durch Autos.

Vorsicht: Ernten Sie die Pflanze, wenn sie blüht. Früh im Jahr ist sie leicht mit giftigen Iris-Schößlingen zu verwechseln. Die gelben Knollen sind ein gutes Erkennungsmerkmal.

Zubereitung: Fügen Sie die intensiv schmeckenden Blüten Sommer-Salaten hinzu. Die Knospen können gekocht oder fritiert werden und schmecken am besten mit Butter und Käsesoße. Die Wurzelknollen können das ganze Jahr über geerntet werden. Sie sind roh für Salate geeignet und gekocht wie Kartoffeln verwendbar.

Seidenpflanze

(*Asclepias syriaca*; zNAm - in Eur stellenweise eingeb.)

Beschreibung: Die Seidenpflanze hat einen weißen, klebrigen Saft und große, eiförmige Bälge als Frucht. Sie wird manchmal als gekochtes Gemüse verwendet.

Vorsicht: Der Saft der Pflanze enthält Toxine. Kühe und Schafe sind schon an Vergiftungen gestorben. Essen Sie diese Pflanze nicht!

Zubereitung: Obwohl einige Fachleute die Pflanze als Gemüse zubereiten, essen Sie diese Pflanze nicht!

Anwendung: Der Saft diente zur Behandlung von Warzen, Muttermalen und Flechte. Die gekochten Wurzeln wurden bei Sterilität, Asthma und Ruhr angewendet.

Seiden-pflanze

Behaarte Lampionblume

Behaarte Lampionblume
(*Physalis pubescens*; NAm-tropAm - im wAs eingeb.)

Beschreibung: Die Stengel und Blätter sind haarig. Die blaßgrüne Lampionblume hat ihren Namen nach Ihrer Frucht: Eine Beere wird von einer papierartigen Hülle aus den Kelchblättern umgeben, dem Lampion. Sie können im August und September geerntet werden.

Zubereitung: Unreife Beeren sollten Sie besser nicht essen, sie führen zu leichten Vergiftungen! Wie die anderen Pflanzen der Nachtschattengewächse, meiden Sie sie am besten.

Anwendung: In China machte man Umschläge bei Abszessen und setzte die Pflanze als Wurm- und Hustenmittel ein.

Dreimasterblume
(*Tradescantia virginiana*; zNAm)

Dreimaster-blume

Beschreibung: Die Blüte ist violett, mit drei runden Kronenblättern und goldenen Staubblättern. Die langen, lanzettlichen Blätter der Pflanze sieht man oft an Straßenrändern.

Zubereitung: Junge Triebe mit Blättern können gegessen werden, sind aber schleimig. Der Blütensalat schmeckt aromatisch.

Anwendung: Breiumschläge der Wurzel legt man auf Hautkrebs. Bei Magenbeschwerden hilft der Tee.

Wälder

Hänge-Birke
(*Betula pendula*; Eur-As-nAfr)
und
Moor-Birke
(*B. pubescens*; Eur-As)

Beschreibung: Der bis zu 25 m hohe Baum besitzt oben eine glatte, weiße Borke. Die Blätter sind einfach, kahl und gezähnt, die Zweige tragen kleine, harzige Warzen und hängen oft herunter. Bei der Moor-Birke dagegen stehen die jungen Triebe aufrecht und sind, wie die jungen Blätter, behaart.

Zubereitung: Junge Blätter sind eine gute Nahrungsquelle, da sie in großer Menge zur Verfügung stehen. Ältere Blätter sind meist bitter.

Anwendung: Der Saft, der im Frühjahr aus den Birkenstämmen gezapft wurde, galt als ein Haarwuchsmittel.

Schwarzer Holunder
(*Sambucus nigra*; Eur-wAs-nAfr)
und
Kanadischer Holunder
(*S. canadensis*; öNAm)

Beschreibung: Es handelt sich um Sträucher mit zusammengesetzten Blättern. Der Schwarze Holunder besitzt drei bis sieben, der Kanadische Holunder mehr als elf gezähnte Blättchen. Die weißen Blüten stehen in einer flachen oder rundlichen Rispe. Der Kanadische Holunder steht am Rande von Flüssen, Sümpfen oder an anderen feuchten Standorten; der Schwarze Holunder ist eher an sonnigen Stellen der Weg- und Waldränder zu finden.

Kanadischer Holunder

Vorsicht: Die Dolde des giftigen Schierlings sieht ähnlich aus wie die in einer Rispe stehenden Blüten des Holunders.

Zubereitung: Die sommerlichen Blüten können unter Rühren gebraten oder roh gegessen werden. Man kann außerdem Holunderblüten-"Wein" zubereiten. Dazu werden die Blüten von den Stielen abgeschnitten und in einen Topf gefüllt. Nun übergießt man sie mit kochendem Wasser, dem etwas Zitronensäure zugesetzt wurde. Nach etwa 24 Stunden ergibt sich ein süßes Getränk mit einem für diesen "Wein" typischen Geschmack.

Die schwarzen Holunderbeeren reifen im späten Sommer. Man kocht sie, um daraus Saft, Gelee oder Marmelade zu machen, oder man vergärt sie zu Wein. Mein Lieblingsrezept ist Holunder-Apfel-Pie. Bereiten Sie ihn nach dem Himbeer-Pie-Rezept zu.

Der ähnliche Trauben-Holunder (*Sambucus racemosa*) besitzt rote Früchte, deren Samen giftig sind. Allerdings läßt sich aus dem Fruchtfleisch ein hervorragender Saft herstellen.

Vogelbeere / Eberesche
(*Sorbus aucuparia*; Eur-wAs)

Beschreibung: 5-15 m hoher Baum mit glatter Borke; die Blätter sind wechselständig und unpaarig gefiedert mit länglichen, gezähnten Fiedern. Sie sind unterseits gräulich weiß. Zahlreiche weiße Blüten erscheinen am Ende der Zweige in einer Rispe. Sie entwickeln sich zu leuchtend roten, runden Beeren, die den Baum deutlich kennzeichnen. *Sorbus domesticus*, der Speierling, sieht ähnlich aus, trägt aber größere, birnenförmige Früchte. Die Eberesche gedeiht in lichten Wäldern.

Zubereitung: Die Beeren sollten vor dem ersten Frost gesammelt werden und können durch Kochen von ihrem säuerlich-bitteren Geschmack befreit werden. Dieses können Sie auch durch Einweichen in verdünntem Essig für einen halben Tag erreichen. Danach eignen sich die Beeren gut als Marmelade, auch mit anderen Früchten zusammen, da sie sehr gut gelieren. Auch geschmacklose Suppen können aromatisiert werden. Außerdem kann man Gelee, Sirup oder sogar Vogelbeer-Likör herstellen. Früher wurde Sorbit aus den Früchten gewonnen. Sorbit ist ein Zuckerersatzstoff für Diabetiker.

Anwendung: Frisch gekochter Saft oder der Tee aus getrockneten, zerkleinerten Beeren wirken blutreinigend und harntreibend. Das Mus ist ein Mittel gegen Magen- und Darmerkrankungen, Rheuma und Gicht. Wegen des hohen Vitamin-C-Gehaltes nutzt man die Eberesche auch gegen Skorbut und Erkältungskrankheiten.

Weißdorn

(*Crataegus monogyna* und *C. oxyacantha*; Eur-nAfr - im öNAm stellenweise eingeb.)

Beschreibung: Dorniger Strauch bis acht Meter Höhe; die Blätter sind tief (*C. monogyna*) bzw. kaum fiederspaltig (*C. oxyacantha*). Die weißen, fünfzähligen Blüten stehen in doldenförmigen Trauben und besitzen - je nach Art - einen oder zwei bis drei Griffel. Die rote, mehlige Frucht hat einen oder zwei bis drei Steinkerne. Der Weißdorn steht an sonnigen Stellen an Gebüschen und Waldrändern.

Zubereitung: Die vollreifen Früchte können im September und Oktober zu Gelee oder Kompott verarbeitet werden. Sie schmecken leicht säuerlich, sind mehlig, aber vitaminreich. Da sie gut gelieren, kann man sie hervorragend mit anderen Früchten gemischt verarbeiten. Aus den jungen Blättern, die vor der Blüte geerntet werden, können Sie einen Tee herstellen, indem Sie die Blätter rasch trocknen und anschließend zerkleinern. Getrocknetes Fruchtfleisch kann man als Mehlzusatz verwenden, die gerösteten Kerne als Kaffee-Ersatz.

Anwendung: Der Tee aus Blättern, getrockneten Früchten oder den Blüten wirkt beruhigend, herzstärkend und gleicht den Blutdruck aus. Bei langzeitiger Einnahme fördert er die Durchblutung der Herzkranzgefäße. Das Fruchtmus hilft bei Diarrhöe.

Schlehdorn

(*Prunus spinosa*; Eur-nAfr)

Beschreibung: Bis vier Meter hoher, dorniger Strauch mit einfachen, breit lanzettlichen, fein gezähnten Blättern; die weißen Blüten erscheinen vor den Blättern und stehen einzeln oder zu wenigen. Die dunkelblaue, bereifte Steinfrucht schmeckt herb.

Zubereitung: Die Früchte erntet man erst nach den ersten Frösten, weil sie dann sehr viel milder schmecken. Sie können zu einem leckeren Saft verarbeitet oder zu Wein vergoren werden. Ein Getränk, das Portwein ähnlich ist, läßt sich aus folgenden Zutaten herstellen: Schlehen, Zucker, Rosinen, Branntwein und Gewürznelken.

Im Frühjahr kann man auch die Blüten und Blätter zum Trocknen für Tee sammeln. In Europa stellte man aus der Rinde eine rote Farbe her, die den Käse vor Fäulnis schützen sollte.

Anwendung: Der Schlehdorn wirkt harn- und schweißtreibend, blutreinigend und beruhigend. Frischer Saft hilft bei Nasenbluten und als Gurgelmittel bei Hals- und Zahnfleischentzündungen. Vorbeugend werden die allgemeinen Abwehrkräfte gestärkt.

Winter-Linde
(*Tilia cordata*; Eur-wAs)
und
Sommer-Linde
(*T. platyphyllos*; öEur)

Beschreibung: Die Linde ist ein bis zu 30 m hoher Baum mit herzförmigen, gesägten Blättern und Blütenständen, die ein charakteristisches, flügelartiges Tragblatt zeigen.

Man findet sie in Laubmischwäldern. Häufig ist sie auch als Alleebaum angepflanzt.

Zubereitung: Die Blütenstände werden mit dem Flügelblatt gesammelt und rasch getrocknet. Da die wertvollen ätherischen Öle allmählich verdunsten, sollte man Lindenblütentee nicht länger als ein Jahr aufbewahren.

Sie können die Blüten als Würze an Eierspeisen verwenden. Die Blätter stellen ein Gemüse dar (wie Spinat) oder werden in Salaten gegessen.

Anwendung: Der Tee ist einer der besten schweißtreibenden Erkältungstees. Er sollte kräftig aufgebrüht und heiß getrunken werden, um eine gute Wirkung zu erzielen (zwei Teelöffel Blüten pro Tasse). Früher wurden Abkochungen als Umschlag oder Badezusatz für Nervenleidende eingesetzt.

Wilde Rose

(*Rosa spp.*; Eur-NAm-As)

Wilde Rose

Beschreibung: Der Busch mit stacheligen Zweigen bringt weiße, rosafarbene oder rote Blüten hervor. Die Blätter sind wechselständig und zusammengesetzt mit scharf gezähntem Rand. Die Wilde Rose ist eine weit verbreitete, eßbare Pflanze, die man besonders in der Nähe von Wasserläufen findet. Es gibt viele Arten, die alle die bekannte Frucht, die Hagebutte, besitzen. Sie ist eine gute Quelle für Vitamin C und kann im Herbst geerntet werden.

Zubereitung: Die Blätter und die Blütenblätter der Rose können getrocknet als Tee verwendet werden. Die Blütenblätter sind süß und aromatisch, sie eignen sich hervorragend für sommerliche Blütensalate.

Anwendung: Da sie viel Vitamin C enthalten, benutzt man die Hagebutten zur Vorbeugung gegen Skorbut. Chinesen und amerikanische Indianer verwendeten Rosentee zur Behandlung von Würmern und Magen- und Darmerkrankungen.

Giersch

(*Aegopodium podagraria*; Eur-öAs - im öNAm eingeb.)

Beschreibung: Der Giersch besitzt gefiederte, doppelt dreizählige Blätter, die gezähnt sind. Er wird etwa einen Meter hoch und ist wegen seiner unterirdischen Ausläufer oft ein lästiges Unkraut. Der Blütenstiel ist von Mark erfüllt, die Blüten stehen in einer weißen Dolde. Die Samen sehen dem Kümmel recht ähnlich. Man findet den Giersch oft an Weg- und Waldrändern. Bei dieser Pflanze ist wegen der ähnlichen Blüten auch eine Verwechslung mit dem giftigen Schierling möglich.

Zubereitung: Die ganz jungen, noch nicht voll entfalteten Blätter schmecken am besten. Einige Leute bevorzugen allerdings auch den petersilienartigen Geschmack der älteren Blätter. Mit anderen Kräutern zusammen kann man Salate, Suppen und anderes zubereiten. Als Gemüse kocht man die Blätter wie Spinat. Aus Blattstielen kann man Mus bereiten. Die Pflanze ist ein ergiebiger Nahrungslieferant.

Anwendung: Die Volksheilkunde nutzte den Giersch bei Rheuma, Gicht, Ischiasbeschwerden und gegen Insektenstiche.

Scharbockskraut
(*Ranunculus ficaria*; Eur-nAfr)

Beschreibung: Es handelt sich hier um ein niederliegendes Kraut der Laubwälder, das sehr früh im Jahr erscheint. Die langgestielten, einfachen, herzförmigen Blätter haben einen leicht gewellten Rand. Die Blätter und die gelben Blüten glänzen.

Zubereitung: Die Blätter werden vor der Blüte gesammelt, die Wurzel und die Brutknollen der Blattachseln nach der Blüte. Die Blätter werden roh gegessen oder wie Spinat gekocht. Die Knollen weicht man in Salzwasser ein und gart sie auch darin. Zum Schluß werden sie in Butter gewendet und mit Mehl angedickt. Sie können sie aber auch in Essig einlegen und zu Fleisch reichen.

Anwendung: Die Blätter wurden früher von Seeleuten gegen Skorbut gegessen (hoher Vitamin-C-Gehalt).

Wald-Sauerklee
(*Oxalis acetosella*; Eur-As)
und
Berg-Sauerklee
(*O. montana*; v.a. Can-Rocky Mountains)

Beschreibung: Das typische Kleeblatt mit drei rundlichen Blättchen ist charakteristisch. Die Blüte ist weiß, beim Berg-Sauerklee gelb. Der Berg-Sauerklee (wie auch die Sauerampfer-Arten) haben Blätter, Blüten und Samen mit saurem Geschmack.

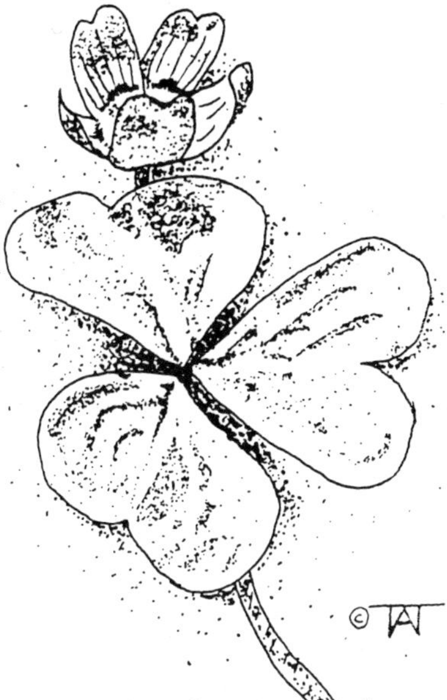

Berg-Sauerklee

Vorsicht: Setzen Sie diese Pflanze nur sparsam ein. In großen Mengen gegessen kann die Kalziumaufnahme im Körper behindert werden.

Zubereitung: Alle oberirdischen Pflanzenteile können in Salaten verwendet werden, oder man stellt ein Getränk daraus her.

Anwendung: In China werden Sauerklee-Arten zur Fiebersenkung herangezogen, um Blutgerinnsel zu lösen und um Schwellungen abzubauen. Die Volksmedizin in Europa nutzte den Sauerklee bei Stoffwechselschwäche und Verdauungsstörungen (besonders in der Homöopathie). Auch bei Schlangenbissen findet der Sauerklee Anwendung.

Kleblabkraut
(*Galium aparine*; circpol)

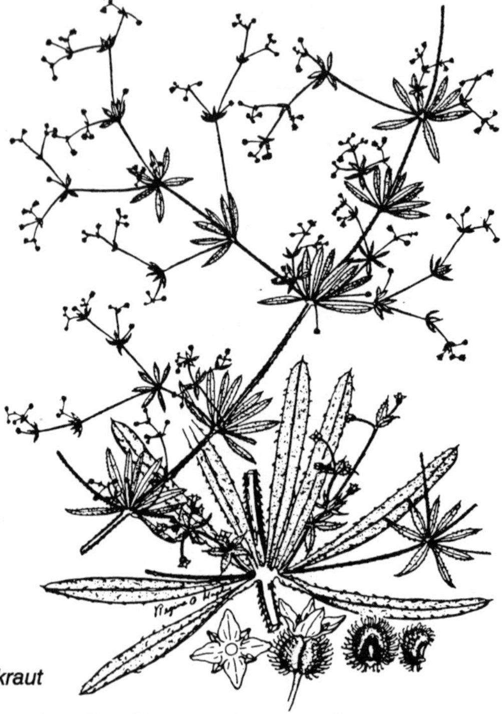

Kleblabkraut

Beschreibung: Die dünnen, schwachen Stengel tragen acht Blätter in einem Quirl und kleine, weiße Blüten. Das Kleblabkraut wächst in Wäldern, an Flüssen und in verlassenen Gärten.

Zubereitung: Früh im Jahr können die Blätter in Salate gemischt werden, die zähen, ausgewachsenen Blätter sollten allerdings gekocht werden. Die Saat kann im Sommer geröstet und zu einem Kaffee-Ersatz gemahlen werden. Sie eignet sich besser als die Wegwarte, ist aber bei weitem nicht so gut wie echter Kaffee.

Kleiner Odermennig

(*Agrimonia eupatoria*; Eur-As-nAfr)

Beschreibung: Die Staude erreicht eine Höhe von ca. 30-125 cm. Die Stengel der Pflanze sind oberwärts verzweigt, rauhhaarig und mit Drüsen besetzt. Die Blätter sind unterseits weißfilzig und bestehen aus fünf bis neun gezähnten Fiederpaaren. Das Endblättchen ist größer als die übrigen. Die gelben Blüten sind fünfzählig, und die glockenförmigen Früchte tragen steife Stacheln.

Den Kleinen Odermennig findet man an Wegrändern auf ärmeren Böden.

Zubereitung: Man kann das blühende Kraut sammeln, das man dann trocknet.

Früher stellte man aus den Stengeln und den Blättern eine dauerhafte, gelbe Farbe her.

Anwendung: Aufgüsse dienen als Gurgelmittel bei Rachenentzündungen; die Anwendung bei Gallenerkrankungen und Leberleiden scheint dagegen eher unbegründet zu sein.

Dost

(*Origanum vulgare*; Eur-As - in NAm eingeb.)

Beschreibung: Das etwa 30-50 Zentimeter hohe Kraut hat einen leicht behaarten Stengel. Es riecht aromatisch und hat längliche Blätter, die unterseits drüsig punktiert sind. Die hellvioletten bis weißen Blüten stehen in Rispen.

Der Dost besiedelt lichte Wälder und sonnige Wegränder, trockene Hänge und Gebüsche.

Zubereitung: Das Kraut wird eine Handbreit über dem Boden abgeschnitten, zu Büscheln gebunden und im Schatten getrocknet. Der Dost ist ein Gewürz, das sehr gut zu Pizza und ähnlichen Gerichten paßt.

Anwendung: Dost wirkt krampflösend bei Keuchhusten und Unterleibsbeschwerden. Er regt den Appetit an und fördert die Verdauung. Der Tee hilft bei Halsentzündungen.

Leberblümchen

(*Hepatica nobilis*; Eur-öAs - in NAm stellenweise eingeb.)

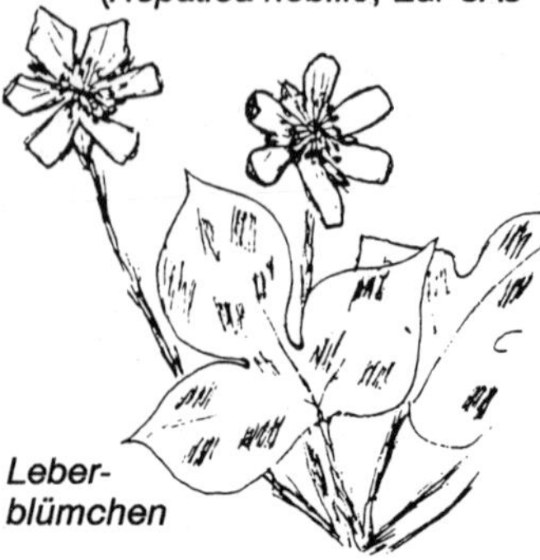

Leber-blümchen

Beschreibung: Die mehrjährige Pflanze hat an den langen, haarigen Blattstielen Blätter, die wie drei Leberlappen aussehen, und trägt blaue oder weiße bis blaßrosafarbene Blüten, die bereits im März und April erscheinen.

Vorsicht: Große Mengen des Leberblümchens sind giftig. Der Gebrauch ist nur etwas für erfahrene Kräutersammler.

Anwendung: Kleine Mengen der Wurzeln und der Blätter helfen bei Verdauungsstörungen, Nieren-, Gallen- und Leberbeschwerden.

Stinkkohl

(*Symplocarpus foetidus*; öAs-NAm)

Beschreibung: Die Pflanze riecht wie ein Stinktier, wenn man sie verletzt; die großen Blätter haben glatte Ränder, der Blütenstand ist von einem großen Blatt eingehüllt (Spatha) und wächst vor den Blättern heraus. Den Stinkkohl findet man in feuchten Niederungen und Wäldern.

Vorsicht: Der Stinkkohl ist giftig. Der Saft der Pflanze kann Blasen auf der Haut hervorrufen und den Verdauungstrakt nachhaltig schädigen, wenn sie verzehrt wird. Nur Fachleute sollten mit dieser Pflanze umgehen.

Stinkkohl

Anwendung: Die Wurzel besitzt eine heilende Wirkung. Zuerst wird sie durch und durch getrocknet, um gefährliche Oxalate kristallisieren zu lassen. Aufgüsse oder Tees der getrockneten Wurzel wurden als mildes Beruhigungsmittel benutzt.

Dreiblättriger Feuerkolben
(*Arisaema triphyllum*; öNAm)

Dreiblättriger Feuerkolben

Beschreibung: Die zusammengesetzten Blätter bestehen aus drei Blättchen, sind oval und auf der Unterseite weich und heller. Der Blütenstand ist von einer Spatha (Hüllblatt) umhüllt, die wie eine Rednerkanzel aussieht.

Der Feuerkolben bevorzugt reiche Böden, meist in Wäldern oder schattigen Niederungen. Wie der Stinkkohl enthält diese Pflanze Kalziumoxalat und kann roh nicht gegessen werden.

Zubereitung: Indianer schneiden die Wurzel in Scheiben und trocknen sie, um das Oxalat zu deaktivieren. Einmal getrocknet können sie gekocht oder wie Kartoffelchips gegessen werden.

Anwendung: Pflanzenteile werden bei der Behandlung von Husten, Halsentzündungen und Flechte angewendet. Es werden auch Breiumschläge für Eiterbeulen und Abszesse gemacht.

Maiapfel

(*Podophyllum peltatum*; öNAm)

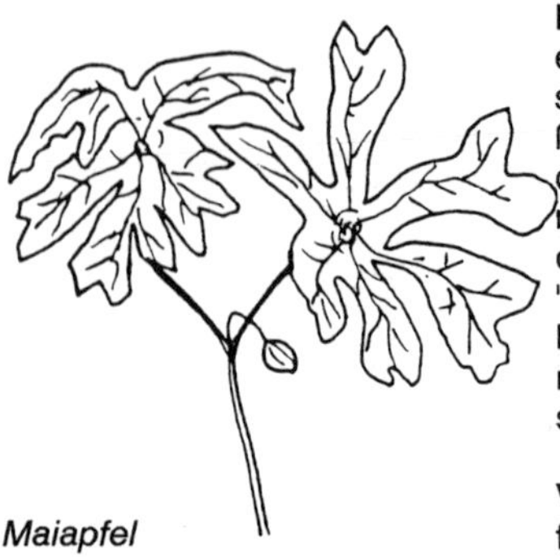

Maiapfel

Beschreibung: Der Maiapfel hat ein Paar zerschlitzter, sonnenschirmartiger Blätter und eine weiße Blüte an einem Stiel zwischen den Blättern, die zu einer gelbgrünen Frucht wird. Die meisten Teile der Pflanze sind giftig. Die beiden "Sonnenschirme" schützen die eßbare Frucht, wenn sie im Sommer reift. Pflücken Sie die Frucht, wenn sie richtig weich und reif ist.

Vorsicht: Bis auf das reife Fruchtfleisch ist die Pflanze giftig.

Zubereitung: Erfahrene Sammler ernten die reifen Früchte vorsichtig für Kuchenfüllungen und Marmeladen.

Anwendung: Etoposid, ein Wirkstoff des Maiapfels, könnte gegen Hoden- und wenig ausgeprägten Lungenkrebs wirksam sein.

Dreiblatt

(*Trillium grandiflorum* und *T. cuneatum*; zNAm)

Beschreibung: Die Laubblätter, Kelch- und Kronenblätter sind in der Dreizahl vorhanden. Es gibt viele verschiedene Trillium-Arten. Die Blätter und Blüten sind eßbar, aber für meinen Geschmack zu hübsch, um verzehrt zu werden.
Zum Verpflanzen graben Sie die ganze Pflanze mit einem Ballen von mindestens 20 cm aus. Pflanzen Sie sie in nährstoffreichen Boden im Schatten ein.

Dreiblatt

Bär-Lauch
(*Allium ursinum*; Eur-wAs)
und
Wilder Lauch
(*A. tricoccum*; nöNAm)

Wilder Lauch

Beschreibung: Die langen, breiten Blätter entspringen der Zwiebel. Wilder Lauch und auch Bär-Lauch findet man an Böschungen oder in feuchten Wäldern. Beide Pflanzen sind ein erstklassiges Nahrungsmittel mit starkem Zwiebelgeschmack.

Zubereitung: Lauch paßt generell überall, wo man sonst Schnittlauch einsetzt.

Blätter, Stengel und Zwiebeln sind eßbar und machen sich hervorragend als würzendes Grün in Salaten, in Suppen oder einfach am Lagerfeuer geschmort mit etwas Sojasoße und Olivenöl und ein wenig Wasser, damit der Lauch nicht ansetzt.

Anwendung: Als Tonikum verwendet kann man mit der Pflanze Erkältungen bekämpfen. Umstritten dagegen ist die Behauptung, daß der Genuß rohen Lauches der Gefahr eines Herzinfarktes vorbeugt.

Knoblauchsrauke
(*Alliaria petiolata*; Eur-As - in NAm eingeb.)

Beschreibung: Der Stengel ist kantig und trägt einfache, gebuchtete Blätter, die unten herzförmig und lang gestielt sind, und weiße, vierzählige Blüten. Der starke Lauchgeruch ist charakteristisch. Die aufrecht stehenden Schoten sind 4-6 cm lang. Die Knoblauchsrauke steht in Laubwäldern und Gebüschen an schattigen Stellen.

Zubereitung: Man verwendet die Pflanze wie Bärlauch oder Schnittlauch als zwiebelartiges Gewürz. Besonders in Frankreich ist sie als Salat geschätzt.

Anwendung: In der Volksheilkunde wurde die Pflanze äußerlich bei Vereiterungen und Zahnfleischentzündungen angewendet, innerlich als Wurmmittel. Dem frischen Kraut wird eine Heilwirkung bei Geschwüren zugeschrieben.

Straußfarn
(*Matteuccia pensylvanica* im nNAm; *M. struthiopteris* ur-öAs)

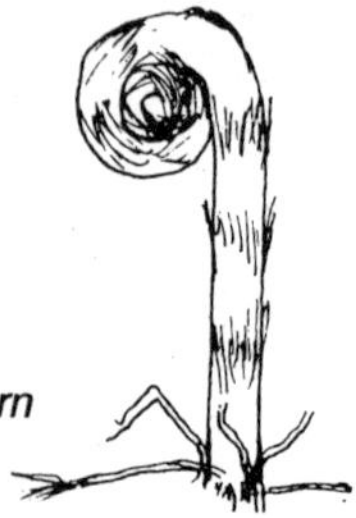

Straußfarn

Beschreibung: Wenn die jungen Farnblätter aus dem Boden kommen, sind sie eingerollt und sehen aus wie der Kopf einer Geige.

Vorsicht: Einige Farnarten können zu Magengeschwüren führen und Thiamin-Probleme auslösen. Am besten meiden Sie diese Pflanzen.

Zubereitung: Sie können roh oder gekocht gegessen werden. Ich bevorzuge sie geschmort oder fritiert.

Haselwurz
(*Asarum europaeum*; Eur-wAs)
und
Kanadische Haselwurz / Wilder Ingwer
(*A. canadense*; nNAm)

Beschreibung: Die aromatische Wurzel riecht wie Ingwer, die herzförmigen Blätter stehen zu zweit und sind immergrün, die Blattstiele und die einfache Blüte sind behaart. Letztere erscheint im Mai, ist rotbraun, nur kurz gestielt und glockenförmig. Die Haselwurz wächst auf reichhaltigen Böden in feuchten Wäldern.

Zubereitung: Die zerdrückten Wurzeln werden in kleinen Mengen Salatsoßen beigemischt. Getrocknet und gerieben sind sie ein guter Ersatz für den orientalischen Ingwer. Der mutige Feinschmecker sollte die Wurzeln kochen, bis sie gar und zart sind. Mit Ahornsirup ergibt sich eine wirklich ungewöhnliche Süßspeise.

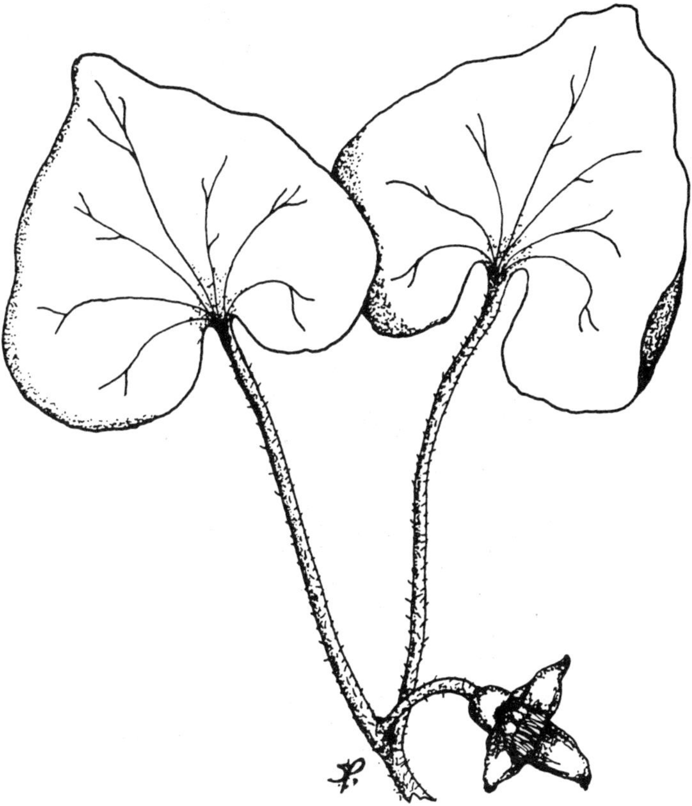

Wilder Ingwer

Anwendung: Mit der Wurzel behandelte man Husten und Erkältungen, sie wirkt antiseptisch und belebend. Auch als Brechmittel fand die Haselwurz Anwendung.

Süßdolde / Wilder Anis

(*Myrrhis odorata*; Eur - in NAm stellenweise eingeb.)

Süßdolde

Beschreibung: Schneidet man die Wurzel an, so riecht sie nach Anis. Über den saftig-grünen Blättern erscheinen die kleinen, weißen Blüten in Dolden. Der Wilde Anis, oft auch Süßdolde genannt, hat einen süßen anisartigen Duft und Geschmack. Er kann als Anisersatz benutzt werden.

Vorsicht: Die Süßdolde sieht wie der giftige Schierling aus.

Zubereitung: Verwenden Sie die Wurzel, um gekochtes Gemüse zu würzen.

Anwendung: Die Blätter werden gelegentlich von Diabetikern als Zuckerersatz gegessen.

Rebhuhnbeere
(*Mitchella repens*; öNAm)

Beschreibung: Diese kleine, kriechende Pflanze mit ovalen Blättern findet man unter Bäumen in feuchten Wäldern des gemäßigten Nordamerikas. Die Beeren, die einen milden Geschmack haben, sind leuchtend rot, wenn sie im späten Sommer reifen.

Zubereitung: Es handelt sich um eine Wegzehrung mit wenig Geschmack. Eine "Survival-Beere" für harte Zeiten, die den ganzen Winter über gepflückt werden kann.

Rebhuhnbeere

Niederliegende Scheinbeere
(*Gaultheria procumbens*; zNAm)

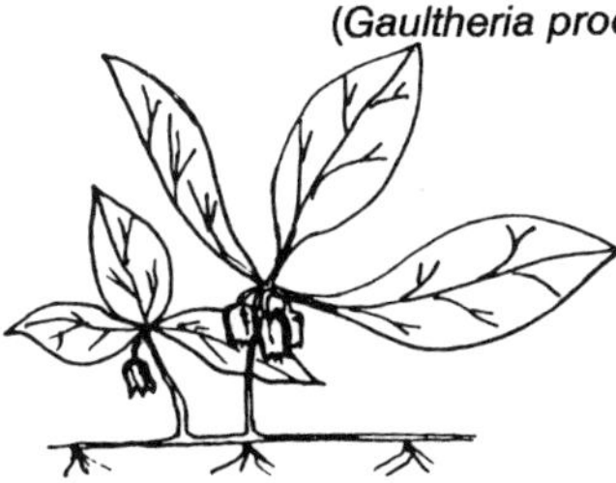

Niederliegende Scheinbeere

Beschreibung: Länglich ovale Blätter mit fein gezackten Rändern; diese immergrüne Pflanze hat weiße, nickende Blüten. Es gibt mehrere Arten der Scheinbeere in Nordamerika. Die Niederliegende Scheinbeere finden Sie in den östlichen Vereinigten Staaten.

Die Blüte entwickelt sich zu einer eßbaren Beere, die sich im Spätsommer von weiß nach rot verfärbt. Scheinbeeren sind den ganzen Winter über erntebereit, sofern sie nicht von anderen Sammlern spät im Jahr verschlungen werden.

Zubereitung: Verwenden Sie die Sommerfrüchte in Pfannkuchen und anderen Kuchenrezepten. Die Blätter ergeben einen guten Tee. Sie können sie auch einfach als Atemerfrischer kauen (jedoch nicht herunterschlucken).

Anwendung: Die Scheinbeere hat eine zusammenziehende Wirkung. Nehmen Sie das Öl dieser Pflanze nie innerlich ein! Es ist giftig! Der Tee der Blätter wurde bei Grippe, Erkältungen und Magenübersäuerung angewendet.

Amerikanischer Hundszahn
(*Erythronium americanum*; zNAm)

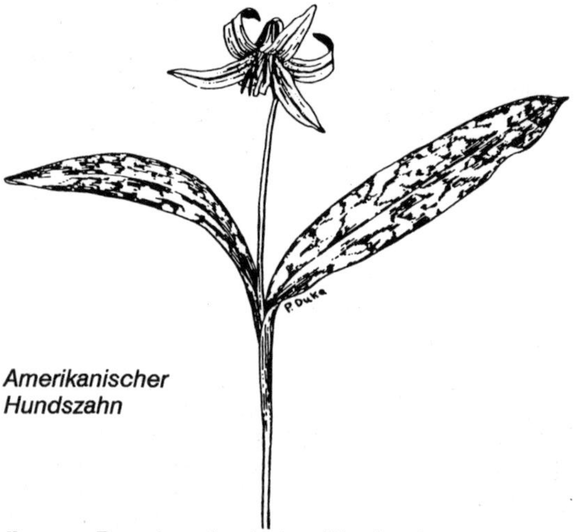

Amerikanischer Hundszahn

Beschreibung: Der Amerikanische Hundszahn hat marmorierte Blätter und gelbe, lilienartige Blüten.

Zubereitung: Junge Blätter können nach zehnminütiger Kochzeit gegessen werden. Auch die knolligen Wurzeln sind eßbar (nach längerem Kochen).

Die wahre Schönheit dieser Pflanze offenbart sich allerdings eher den Augen des Betrachters. Als Nahrungspflanze ist der Hundszahn nicht wertvoll genug.

Anwendung: Ein Tee aus der Wurzel wird zum Fiebersenken benutzt. Die zerdrückten Blätter dienen als Umschlag auf Geschwüren.

Clintonia

(*Clintonia borealis*; nNAm)

Clintonia

Beschreibung: Diese Pflanze sieht dem Amerikanischen Hundszahn sehr ähnlich, hat wachsige Blätter und ist eßbar.

Auch bei der Clintonia ist es wohl besser, diese unbedeutende Nahrungsquelle unberücksichtigt zu lassen.

Anwendung: Amerikanische Indianer verwendeten die Blätter als Umschläge auf Verletzungen, Wunden und Verbrennungen. Der Tee der Wurzel wurde als mückenabwehrendes Mittel verwendet.

Wilder Hafer

(*Uvularia sessilifolia*; nöNAm)

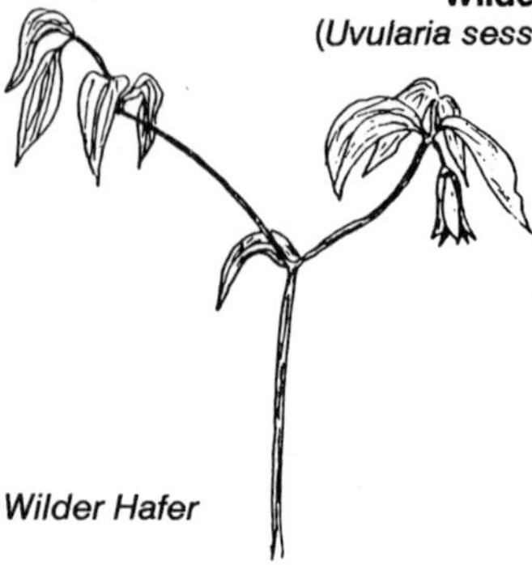

Wilder Hafer

Beschreibung: Gelbe, nickende Lilienblüte; der abgewinkelte Stengel trägt Blätter, die nicht die Stiele umfassen, wie es bei den anderen *Uvularia*-Arten der Fall ist.

Die frühen Schößlinge der *Uvularia* können gegessen werden, aber verwenden Sie die Pflanze sparsam. Wo sie nicht in größeren Beständen vorkommt, sollten Sie sie nicht pflücken.

Anwendung: Die Wurzel dient als Breiumschlag auf Eiterbeulen und Wunden, gekocht entfaltet sie ihre Wirkung gegen Durchfall.

Amerikanischer Ginseng

(*Panax quiquefolius*; öNAm)

Beschreibung: Der gerade, aufrechte Stengel trägt zwei oder drei Blattstiele mit jeweils fünf bis elf Blättchen. Die Wurzel des Amerikanischen Ginseng - sie ist eine hochgeschätzte Arznei in China - wird für etwa DM 500,- das Kilogramm gehandelt und deshalb auch landwirtschaftlich angebaut.

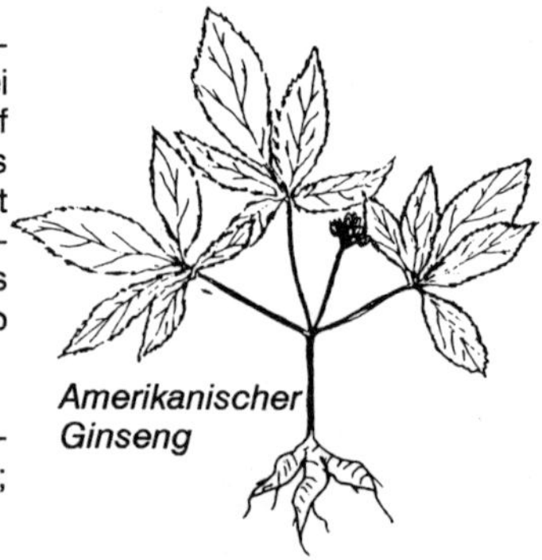

Amerikanischer Ginseng

Zubereitung: Die Chinesen kochen die Wurzel in Hühnersuppe; außerdem essen sie die Beeren.

Anwendung: Die wirksamen Bestandteile der Ginsengwurzel sind Saponine (Glykoside). Einige Saponine erhöhen, andere senken den Blutdruck, einige erhöhen den Blutzuckerspiegel, wieder andere senken ihn. Dafür sind noch weitere Forschungen notwendig.

Nachtkerze
(*Oenothera biennis*; NAm - in Eur eingeb.)

Nachtkerze

Beschreibung: Die gelben Blüten dieser zweijährigen Pflanze erscheinen im zweiten Jahr an einem aufrechten Stengel. Die Blätter sind lanzettlich und am Ende zugespitzt, der Blattrand ist fein gezähnt. Die Nachtkerze findet man auf Feldern in der Nähe von Wäldern. Die Blüten, die Wurzel und die Samen sind eßbar.

Zubereitung: Tauchen Sie die Blüten in Eiweiß, rollen Sie sie in Zucker und fritieren Sie sie anschließend.

Anwendung: Die Pflanzenteile enthalten Linolsäure. Die Linolsäure soll Akne, Alkoholismus, Fettleibigkeit und Schizophrenie vorbeugen können (was bis jetzt allerdings nicht bewiesen ist).

Erdbirne
(*Apios americana*; öNAm)

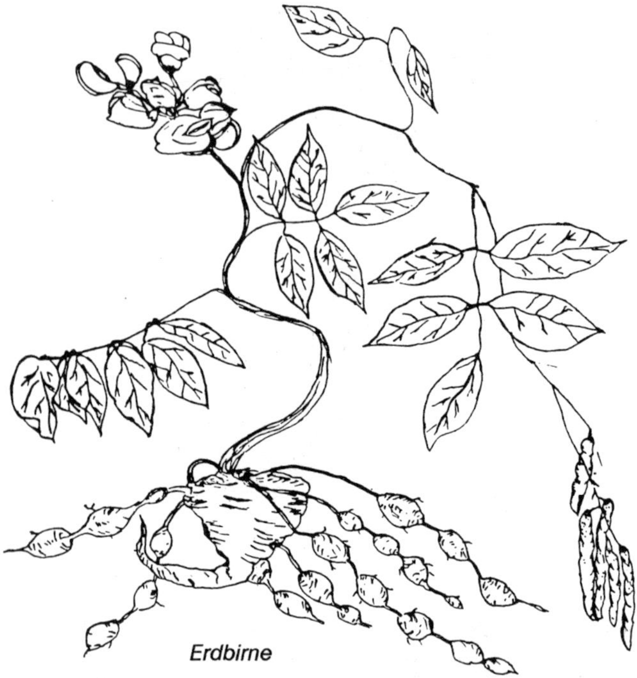

Erdbirne

Beschreibung: Die erbsenähnliche Pflanze trägt viele Knollen entlang der Wurzeln. Die Blätter sind wechselständig und federartig zusammengesetzt. Die Samen sitzen in einer langen Hülse. Die Erdbirne wächst auf feuchtem Untergrund an Flüssen, Sümpfen und Auwäldern. Sie ist eine Kletterpflanze.

Zubereitung: Die Samen sind eßbar. Kochen Sie sie wie Linsen. Die Knollen enthalten etwa 15% Protein, sind also ein guter Kartoffelersatz.

Sassafras

(*Sassafras albidum*; öUSA)

Beschreibung: Es ist ein kleiner Baum mit aromatischen Blättern und Wurzeln. In der Kolonialzeit wurden Aufgüsse der Wurzeln als Tee-Ersatz getrunken. Die Blätter sind ein- oder zweimal eingebuchtet und wechselständig. Es gibt viele Sprößlinge, die von der Mutterpflanze ausgehend um sie herum wachsen.

Sassafras

Zubereitung: Kochen Sie die Wurzel ab und süßen Sie das Getränk.

Vorsicht: Es besteht der Verdacht, daß Sassafrasöl krebserregend ist.

Anwendung: Sassafras-Tee hat eine harntreibende und stimulierende Wirkung. Die Blätter und die Rinde werden auch zu einem Tee gemacht, der auf der Haut aufgetragen als insektenabwehrendes Mittel wirkt.

Papau

(*Asimina triloba*; öNAm)

Papau

Beschreibung: Der kleine Baum (3-7,5 m) wächst oft an Flußufern als Unterwuchs unter größeren Bäumen. Die Blätter sind einfach, wechselständig und bis zu 30 cm lang. Sie sind an der Basis schmal und nahe der Spitze breiter.

Zubereitung: Die große Frucht wird roh gegessen oder (ohne Samen) wie Pudding gekocht und mit Joghurt verzehrt.

Apfelbaum
(*Malus spp.*)
und
Birnbaum
(*Pyrus spp.*; beide Eur-As-NAm)

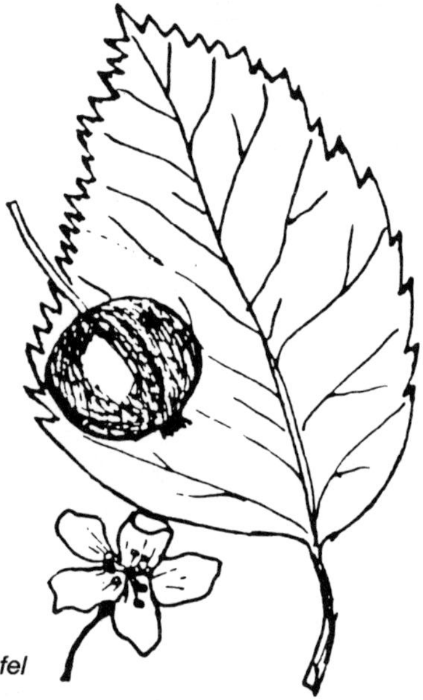

Holzapfel

Beschreibung: Wilde Apfel- und Birnbäume werden bis zu zehn Meter hoch. Einige Arten haben Stacheln. Die Blüten sind weiß bis hellrosa, die Früchte sind kleiner als die der gezüchteten Sorten.

Zubereitung: Da die Früchte sauer sind, sollten sie mit Zucker oder Honig gekocht werden. Verwenden Sie sie mit Himbeeren, Blaubeeren oder Brombeeren.

Anwendung: Die gekochten Früchte werden bei Erkältungen gegessen.

Gebirge, Prärie, Wüste, Küste

Dieser Abschnitt widmet sich einigen bekannten eßbaren Pflanzen, die in außergewöhnlichen Lebensräumen wachsen. So hat jede geografische Region ihre eigene einheimische und typische Pflanzenwelt, die sonst nirgendwo anders gefunden wird.

Bis auf den letzten Abschnitt bezieht sich dieses Kapitel im wesentlichen auf Nordamerika. Wenn Sie in die Berge, die Wüste, die Prärie oder aber an die Küste reisen, lohnt es sich sicherlich, ein Buch über eßbare Pflanzen dieser speziellen Regionen mitzunehmen.

Gebirge

Jojobastrauch

(*Simmondsia californica*; swNAm)

Beschreibung: Den Jojobastrauch können Sie in den südwestlichen USA an der Grenze zwischen den Bergen und der Wüste finden.

Die Kapseln dieser Pflanzen springen im frühen Herbst auf, um ölige, dunkelbraune Samen freizugeben. Diese können gegessen werden.

Zubereitung: Die Samen werden roh oder gekocht verzehrt. Geröstet und gemahlen werden sie mit gekochtem Eigelb geschlagen, bis eine cremige Masse entsteht. Kochen Sie sie in Milch mit etwas Zucker und Wasser auf und fügen Sie ein wenig Vanille-Aroma hinzu. Servieren Sie das Getränk heiß.

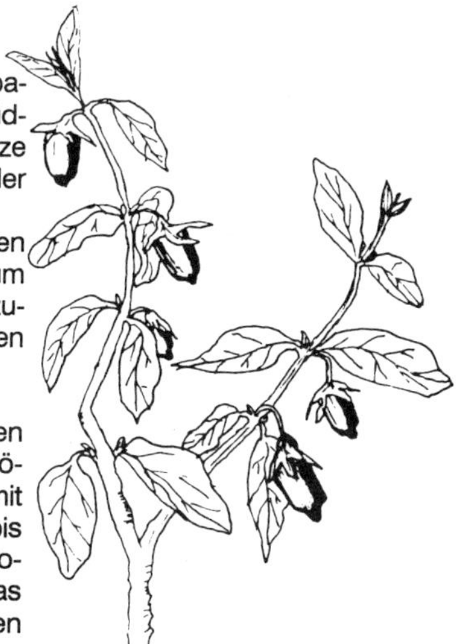

Jojobastrauch

Mormonentulpe

(*Calochortus gunnisonii*; wNAm)

Mormonen-tulpe

Beschreibung: Diese Pflanze findet man unterhalb der Baumgrenze auf Wiesen. Die Blätter sind schmal und lang, die Blüten variieren von weiß mit violetten Flecken bis orange und rot (benutzen Sie Farbfotos zum Vergleich). Pflücken Sie die oberirdischen Pflanzenteile früh im Jahr, denn diese verschwinden bereits wieder im Juli.

Vorsicht: Verwechseln Sie die Mormonentulpe nicht mit *Zigadenus*-Arten, bestimmen Sie die Pflanze mit einem Botaniker.

Zubereitung: Die Knolle soll eßbar sein. Braten oder kochen Sie sie und stampfen Sie sie wie Kartoffeln. Der Autor empfiehlt diese Pflanze nicht zu essen, es sei denn, Sie sammeln sie gemeinsam mit einem Experten.

Kubaspinat

(*Montia perfoliata*; wNAm - im wEur eingeb.)

Beschreibung: Die Blätter formen einen Schild um den Stengel. Die kleinen, zierlichen Blüten sind weiß. Meistens findet man den Kubaspinat an feuchten, schattigen Stellen in pazifischen Küstengebirgen.

Zubereitung: Blätter und Stengel können roh gegessen oder wie Löwenzahn gekocht werden. Die Pflanze ist reich an Vitamin A. Am besten bereiten Sie den Salat mit einer Soße aus Essig und Öl zu. Die amerikanischen Indianer nutzten, wie berichtet wird, die Ausscheidungen von Ameisen (sie sind säurehaltig), um Kubaspinat zu aromatisieren. Zuckerwasser über den Blättern lockt die Ameisen an, die dann auf diesen ihren Darm entleeren.

Kubaspinat

Prärie und Wüste

Prärierübe
(*Psoralea esculenta*; zNAm)

Beschreibung: Niederliegende, haarige und krautige Pflanze der Prärie. Die lang gestielten Blätter sind zusammengesetzt und in fünf "Finger" unterteilt. Die Blüten stehen in einer dichten, blauen Ähre und sehen aus wie kleine Erbsenblüten.

Der eßbare Teil ist die knollig verdickte Wurzel, die 30-60 cm lang wird.

Prärierübe

Zubereitung: Essen Sie die Wurzel roh in Scheiben geschnitten zu Salaten mit Essig und Öl. Die Knolle kann außerdem getrocknet und gelagert werden. Die getrocknete Wurzel läßt sich gut in Suppen und Eintöpfen mitkochen.

Anwendung: Die Prärierübe enthält bis zu 70% Stärke. Arten der Gattung *Psoralea* werden benutzt, um Schuppenflechte und einige Formen von Krebs zu behandeln (Inhaltsstoff Psoralen).

Sommerwurz
(*Orobanche fasciculata*; zNAm)

Sommerwurz

Beschreibung: Es handelt sich um eine parasitisch lebende Pflanze der Prärie und des westlichen Hügellandes. Sie ist gelb bis braun und hat schuppenförmige, wechselständige Blätter, die dem Stengel entspringen. Die Blüten sind unregelmäßig glockenförmig.

Zubereitung: Amerikanische Indianer aßen die ganze Pflanze in heißer Asche geröstet. Der Autor hat Sommerwurz nicht gegessen. Ich empfehle diese Pflanze nur zu essen, wenn sie von einem absolut sicheren, professionellen Botaniker zubereitet wurde.

Feigenkaktus
(*Opuntia humifusa*; zNAm)

Beschreibung: Dieser Kaktus wächst in der Wüste auf sandigem Boden. Er wächst kriechend und hat breite aber dünne und fleischige Sprosse, die mit Dornen bewehrt sind. Die einzelnen Segmente sind birnenförmig, aber abgeflacht, die Frucht dagegen ist rundlich-birnenförmig. Die gelbe Blüte erscheint im März und April.

Zubereitung: Seien Sie bei der Ernte besonders vorsichtig, am besten tragen Sie Handschuhe. Entfernen Sie die Dornen, indem Sie die Sprosse und Früchte schälen oder die Dornen abbrennen. Schneiden Sie die "Blätter" in Stücke und braten, fritieren oder rösten Sie sie über dem offenen Feuer. Das Fruchtfleisch der reifen Frucht kann entfernt und zu Gelee verarbeitet werden.

Feigen-kaktus

Mesquitebaum
(*Prosopis juliflora*; MAm)

Mesquitebaum

Beschreibung: Baum oder Strauch der ariden Regionen; die Blätter sind zusammengesetzt und ähneln Federn; die Saathüllen sehen beinahe so aus wie grüne Bohnen.

Zubereitung: Das Holz kann dazu benutzt werden, um Fleisch zu kochen und es gleichzeitig zu aromatisieren.

Die Hülsenfrüchte sind eßbar. Sie sind saftig und süß wenn sie reif sind, allerdings mit vielen Samen darin.

Vorsicht: Bei einigen Menschen können bei Berührung Hautentzündungen hervorgerufen werden.

Agave

(*Agave spp.*, vor allem *A. americana*; Mex - oft eingeb.)

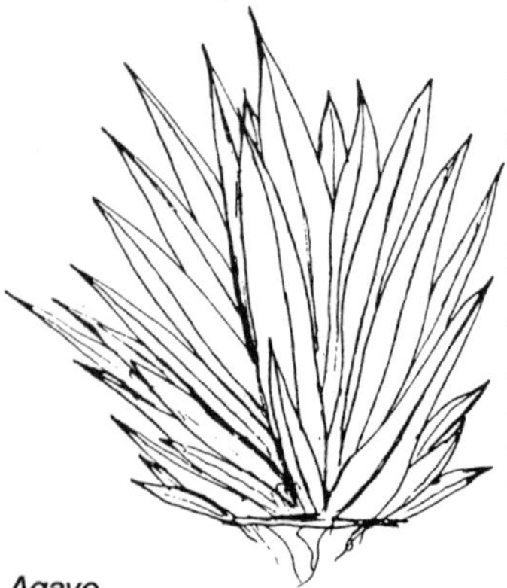

Agave

Beschreibung: Die Blätter sind länglich, steif und faserreich. Sie stehen in einer Rosette, aus der der drei bis fünf Meter lange Blütenstand mit seinen gelben Blüten emporsteigt.

Zubereitung: Das junge Herz der Pflanze kann herausgeschnitten werden. Um die Agave richtig zuzubereiten, kann es sinnvoll sein, sich an die Einheimischen zu wenden. Die Knospe darf nicht zu alt sein. Schneiden Sie die ganze Knospe zwischen den Blättern heraus, wenn die Pflanze zu wachsen beginnt. Überzählige Blätter werden abgeschnitten.

Bereiten Sie ein Feuer in einer großen durch Steine begrenzten Grube vor, lassen Sie das Feuer herunterbrennen und legen Sie die Knospe in die Glut. Bedecken Sie alles mit heißen Steinen und Glut. Zuletzt wird die Feuerstelle unter einer Schicht Erde vergraben. Nach zehn bis zwölf Stunden können Sie die gegarte Knospe wieder ausgraben. Die äußere, verkohlte Schicht wird abgeschnitten, so daß das klebrige, süße, nach Ananas schmeckende Innere freigelegt wird. Von den Einheimischen wird aus der Pflanze ein Getränk hergestellt, Mescal.

Gezeitenzone der Küsten

Fast alle marinen Gewächse können gegessen werden. Zwei fragwürdige Arten, die man leicht erkennen kann, sollte man allerdings unbedingt meiden: Eine faulig schmeckende *Lungbya*-Art, eine dünne, fädliche Pflanze, die an den Wurzeln der Mangroven festsitzend in warmen Gewässern gedeiht, und die *Desmarestia*, die

Schwefelsäure enthält und einen unangenehmen zitronenartigen Geschmack hat. Desmarestia findet man gewöhnlich in tiefen offenen Gewässern. Solange Sie also an Mangroven anhaftende Pflanzen und solche der tiefen, offenen Meere meiden, kann kaum etwas passieren.

Aufgrund des begrenzten Raumes werden hier nur drei bekannte Salzwasserpflanzen beschrieben, was aber keineswegs die Grenzen für Ihre Sammelaktivitäten abstecken sollte. Für genauere Informationen ☞ Literatur.

Tange
(*Laminaria sp.*; circpol)

Beschreibung: Diese braunen Salzwasserpflanzen (Braunalgen) können bis zu 30 m lang werden. Sie besitzen große, wedelartige "Blätter", die mit kleinen luftgefüllten Bläschen besetzt sind, die die Pflanze im Wasser aufrecht halten, und einen Stamm, der so dick wie ein Unterarm sein kann. Nach Stürmen findet man die Pflanze oft losgerissen an den Strand gespült.

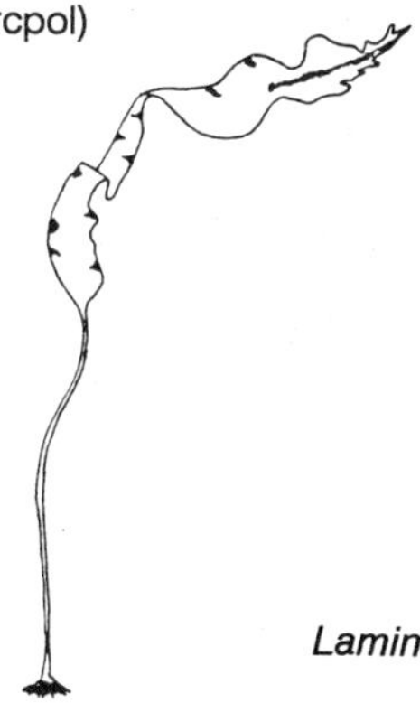

Laminaria

Zubereitung: Waschen Sie den Tang in sauberem Wasser und weichen Sie ihn in verdünntem Weinessig oder Zitronensaft ein, bis er geschmeidig wird. Dann trocknen Sie ihn in der Sonne. Danach schaben sie die äußere, bläulich-grüne Schicht ab. Das dicke, weiße Innere kann zerkleinert oder gemahlen werden. Am besten verwendet man den Tang in Suppen und Eintöpfen. Zur Lagerung sollten zerkleinerte Stücke getrocknet werden.

Anwendung: Tang verbessert die Farbe des Eigelbes, wenn er an Hühner verfüttert wird. Er ist reich an Ballaststoffen und eine gute Quelle für Jod. Die Pflanze ist auch ein wichtiges Gerinnungsmittel. Tang-Salz verhindert Muskelkrämpfe.

Purpurtang
(Porphyra sp.; circpol)

Beschreibung: Je nach Alter ist der Purpurtang rosarot bis rötlichbraun. Er ist blattartig abgeflacht und bis zu 50 cm lang, seidig glänzend, dünn und elastisch. Man findet ihn in der Gezeitenzone.

Zubereitung: Sammeln Sie die Pflanze im späten Frühling, trocknen Sie sie in der Sonne und lagern Sie sie trocken in dicht verschlossenen Gefäßen. Essen Sie den Purpurtang frisch und mürbe gemacht mit Sojasoße gewürzt oder getrocknet in Backwaren und Suppen.

Anwendung: Dieser Tang enthält ca. 36% Eiweiß und ist reich an Jod, Viamin A und C. Er soll u.U. den Cholesterinspiegel senken.

Purpurtang

Alaria

Alaria
(Alaria marginata; circpol)

Beschreibung: Diese Alge ist olivbraun bis grün und bis zwei Meter lang. Sie ist mit einem kurzen Stengel an einer Haftscheibe befestigt. Die kurzen, paddelartigen Sporenträger (Sporophylle) sitzen unter den eßbaren "Wedeln". Schneiden Sie die Sporophylle bei der Ernte nicht mit ab. Das garantiert das Fortbestehen Ihres Alaria-Bestandes. Sie wächst an Felsen im niedrigeren Gezeitenbereich.

Zubereitung: Trocknen Sie die Pflanze. In Wasser kann man sie wieder in einen fast frischen Zustand versetzen. Sie können die eingeweichte Alaria um Reis oder Fleisch wickeln und schmoren. Auch in Pilz- oder Hühnersuppe oder an einem Braten ist sie hervorragend.

Anwendung: Sie enthält viele lebenswichtige Spurenelemente und ist eine Quelle für Vitamin C und die B-Vitamine.

Giftige Pflanzen

Die folgende Liste zeigt nur eine Auswahl giftiger Pflanzen. Für eine umfassende Übersicht ☞ Literatur.

Achtung: Sie sollten immer die Telefonnummer Ihres nächsten Toxikologischen Instituts zur Hand haben, in Ihrer Brieftasche und im Auto!

Amerikanisches Leberblümchen
(*Hepatica americana*, NAm)

Es hat nieren- oder leberförmige Blätter mit haarigen Stielen und blüht als eine der ersten Pflanzen im Frühling.

Das Leberblümchen enthält brennende Alkaloide und muß deswegen für den Verzehr richtig zubereitet werden. Der Gebrauch sollte doch besser erfahrenen Apothekern und Medizinern vorbehalten bleiben.

Pfeilförmiger Aronstab
(*Peltandra virginica*; öNAm)

Die Pflanze hat pfeilförmige Blätter mit gefiederten Blattadern, einfache grüne Blüten und wächst im Wasser.

Manche Leute meinen, die brennenden Alkaloide können durch Trocknen aus den Samen und der Wurzel entfernt werden. Selbst wenn dem so ist, bleibt immer noch der bittere Geschmack der Pflanze, so daß sie sich nicht zum Verzehr eignet.

Alle Teile dieser Pflanze - auch die Blüten und die reifen Früchte - sind giftig.

Blutwurzel
(*Sanguinaria canadensis*; öNAm)

Aus dem unterirdischen Rhizom tritt bei Verletzung ein roter Saft aus. Die Pflanze hat ein einziges tief zerschlitztes Blatt und eine einzelne, weiße Blüte.

Der Saft der Blutwurzel reizt die Haut und die Augen. Schon der Verzehr geringer Mengen kann tödlich sein!

Zigadenus
(*Zigadenus spp.*; NAm, in Eur eingeb.)

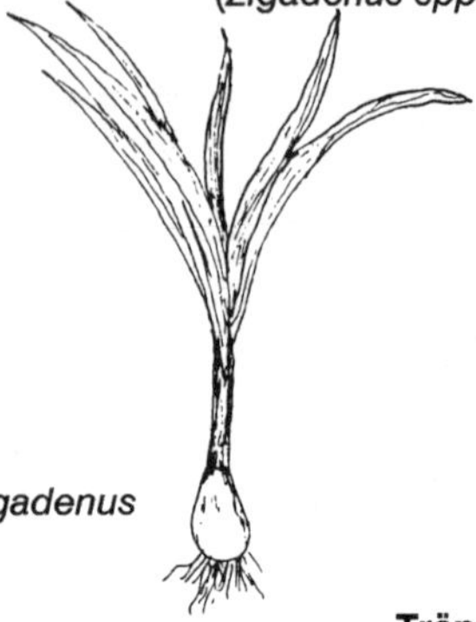

Zigadenus

Diese Pflanze sieht der Mormonentulpe ähnlich. Sie wird ca. 50 cm hoch, hat grasartige Blätter und eine gelbe oder weiße Blüte an einem zentralen Stengel. Sie hat eine Zwiebel, riecht aber nicht wie eine Küchenzwiebel. Alle Pflanzenteile sind giftig. Erbrechen, Kopfschmerzen, Schwindelanfälle und Krämpfe sind die auftretenden Beschwerden.

Tränendes Herz
(*Dicentra cucullaria*; nUSA-sKan)

Sie hat wie die Möhre zerschlitzte Blätter, und die Blüten sehen aus wie Pump- oder Reithosen. Die Wurzel ist der giftigste Teil und erzeugt Krämpfe und Atembeschwerden, ist aber selten tödlich.

Grüner Germer
(*Veratrum viride*; öNAm)

Große, ovale, stengellose Blätter an einem kletternden, kräftigen Stengel und gelblichgrüne Blüten in einer verzweigten Rispe sind charakteristisch. Der Germer wächst auf feuchtem, moorigen Boden. Im westlichen Nordamerika gibt es eine Art, die an Berghängen wächst. Er verursacht Krämpfe und führt zum Erstickungstod.

Gefleckter Schierling
(*Conium maculatum*; Eur-As - in N+SAm eingeb.)

Er hat violett gepunktete Stengel. Es ist eine große Pflanze mit vielen weißen Blüten in einer Dolde. Seien Sie vorsichtig, es gibt viele ähnliche eßbare Pflanzen, wie zum Beispiel die Petersilie, die Mohrrübe, der Wilde Anis und andere Arten der Doldenblütler. Das Gift der Pflanze (Conin) verursacht Atemstillstand und führt zum Tode.

Pferde-Nessel
(*Solanum carolinense*)

Pferde-Nessel

Die Kennzeichen sind ein dorniger Stengel, dornige und rauhe Blätter, die unregelmäßig und grob gezähnt sind, eine weiße Blüte und fleischige, gelbe Beeren. Das Gift der Pflanze ruft Übelkeit, Erbrechen und Magen- und Darmbeschwerden hervor.

Schwertlilie / Iris
(*Iris spp.*; verschiedene Arten in NAm, Eur, As)

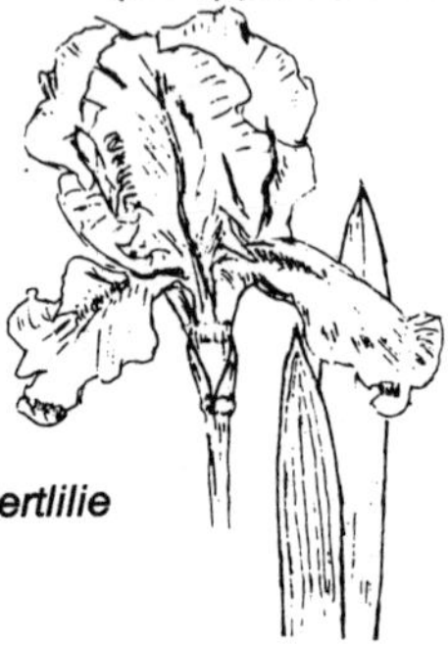

Schwertlilie

Zwischen den schwertartigen Blättern erscheinen die violetten, blauen oder gelben Blüten. Die Pflanze hat ein Rhizom.

Anzeichen einer Vergiftung sind Diarrhöe, Erbrechen und Hautentzündungen.

Dreiblättriger Feuerkolben
(*Arisaema triphyllum*; öNAm)

Der Blütenstand ist der charakteristische Kolben, der von der Spatha eingehüllt wird, wie ein Priester von einer Kanzel. Die Pflanze enthält im frischen Zustand brennende Kalzium-Oxalat-Kristalle.

Stechapfel
(*Datura stramonium*; tropAm-Mex - überall eingeb.)

Es handelt sich um eine große Pflanze mit stacheligem Stengel, stacheliger Fruchtkapsel, ebensolchen Blättern und Blüten. Ihr Verzehr verursacht Halluzinationen, Delirien und gewalttätige Handlungen, ist allerdings nur selten tödlich.

Maiapfel
(*Podophyllum peltatum*; öNAm)

Diese Pflanze der Wälder hat sonnenschirmartige, tief zerschlitzte Blätter und eine einzelne weiße Blüte, die sich zu einer gelblichgrünen Frucht entwickelt. Der Verzehr der Pflanze kann in schweren Fällen zu Koma und Tod führen.

Seidenpflanze
(*Asclepias spp.*; NAm)

Große ovale Blätter, nierenförmige Fruchtkapseln und der weiße Milchsaft charakterisieren die Pflanze. Eine Überdosis von Galitoxin (dem Gift der Seidenpflanze) hat bei Tieren zum Tode geführt.

Bittersüßer Nachtschatten
(*Solanum dulcamara*; Eur-As - in NAm eingeb.)

Diese Kletterpflanze hat violette, raketenförmige Blüten, die eine rote Beere hervorbringen. Die Blätter sind gebuchtet und wechselständig. Selten tödlich.

Kermesbeere
(*Phytolacca americana*; öNAm)

Die ovalen Blätter sind zugespitzt, der Stengel und der Fruchtstand sind rötlich bis violett. Die Pflanze wächst auf Brachen. Der Verzehr ist selten tödlich, hat aber Krämpfe und Erbrechen zur Folge.

Stinkkohl
(*Symplocarpus foetidus*; öAs-NAm)

Diese Pflanze wächst in Feuchtgebieten, hat große, ovale Blätter und riecht wie ein Stinktier, wenn man sie verletzt. Der einfache Blütenstand besteht aus Spatha und Spadix (ein Kolben mit einem Hüllblatt). Er wirkt selten tödlich, ruft aber stake Verbrennungen hervor und hat einen bitteren Geschmack.

Kletternder Gift-Sumach
(*Toxicodendron radicans*; NAm)

Die Kletterpflanze oder der Busch hat haarige Stengel, Blättchen, die jeweils zu dritt stehen, und weiße oder blaßgelbe Beeren. Die Berührung ruft Hautentzündungen hervor.

Eichenblättriger Gift-Sumach
(*Toxicodendron quercifolium*; öNAm)

Dieser kleine Busch sieht dem Giftsumach ähnlich, nur sind die Blätter stärker gebuchtet. Der Kontakt führt zu Hautentzündungen.

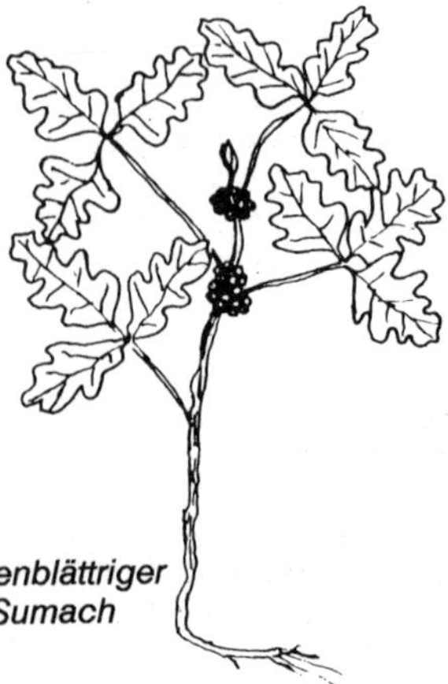

Eichenblättriger Gift-Sumach

Gift-Sumach

Gift-Sumach
(*Toxicodendron vernix*; NAm)

Dieser Gift-Sumach ist ein Strauch mit zusammengesetzten Blättern aus jeweils 7 bis 15 Blättchen. Die Früchte sind weiß, während sie beim Essigbaum rot sind. Wie alle anderen Gift-Sumache ruft er Hautentzündungen hervor.

Wasserschierling
(*Cicuta virosa*)

Dieser Feuchtgebietsbewohner hat scharf gezähnte Blätter und sieht dem Gefleckten Schierling ähnlich. Auch hier ist die Gefahr der Verwechslung mit vielen eßbaren Pflanzen der Doldenblütler groß. Krämpfe und Tod einige Stunden nach dem Verzehr sind die Folge.

Literatur

Was blüht denn da?, D. Aichele, Franckh'sche Verlagshandlung, 52. Auflage (Stuttgart 1989)
Der große BLV Pflanzenführer, Th. Schauer, BLV Verlagsgesellschaft (München 1989)
Pareys Naturführer Plus, A. Fitter, Verlag Paul Parey (Hamburg 1987)
Exkursionsflora, W. Rothmaler, Volk und Wissen Verlag GmbH, 4 Bände, versch. Auflagen (Berlin)

Feld-, Wald- und Wiesenkochbuch, E.M. Helm, BLV Verlagsgesellschaft, 5. Auflage (München 1982)
Der Kosmos Heilpflanzenführer, P. und I. Schönfelder, Franckh'sche Verlagshandlung (Stuttgart 1988)
Wildgemüse-, Beeren- oder **Heilpflanzenkompaß**, alle vom Verlag Gräfe und Unzer

Was lebt im Meer an Europas Küsten?, W. DeHaas (1990)

Giftpflanzen, K.Hiller (1988)
BLV Naturführer Giftpflanzen * Gifttiere, H. Altmann, BLV Verlagsgesellschaft, 2. Auflage (München 1980)

Index

Wir über uns

Seit 10 Jahren erscheinen im Kieler Conrad Stein Verlag ReiseHandbücher: **rote**, die ein Land oder eine Gegend allgemein behandeln; **grüne**, die sich besonders den Wandermöglichkeiten in einer Region widmen; **weiße**, die ganz spezielle Reiseziele vorstellen (z.B. Libyen oder den Irak).

Gegründet wurde der Verlag, als der Schriftsetzer Conrad Stein nach einem vierjährigen Australien- und Neuseelandaufenthalt 1980 nach Kiel zurückkehrte. Das Buch der ersten Stunde war das **Australien-Handbuch** aus eigener Feder - gespickt mit Insidertips und konkreten Informationen, selbst erfahren und gesammelt vor Ort. Mittlerweile ist aus dem schon damals nicht schmächtigen Band ein mehr als 500 Seiten starker Wälzer geworden, der 1990 zum zehnjährigen Verlagsjubiläum in 10. Auflage erschienen ist.

Mit den Jahren erweiterte sich das Programm des Verlages: Titel über Neuseeland, Kanada, später die USA wurden hinzugenommen. Bücher über europäische Länder wie Türkei, Zypern, Kanarische Inseln, aber auch über Island und Spitzbergen folgten. In jüngerer Zeit begann man mit dem Aufbau einer Afrika-Reihe, in enger Zusammenarbeit mit dem Bradt-Verlag im Süden Englands, wo Stein'sche ReiseHandbücher jetzt auch in englischer Sprache erscheinen.

Immer mehr Autoren wandten und wenden sich an den Conrad Stein Verlag, der nicht standardisierte Massenware verkaufen, sondern Individuelles, auf persönliche Bedürfnisse Zugeschnittenes an 'Reisende auf eigene Faust' bringen will. Neben einschlägiger, mehrjähriger Reiseerfahrung setzt das vor allen Dingen ein Gespür dafür voraus, was brauchbar, was dem künftigen Leser in seiner konkreten Reisesituation von Nutzen sein wird, wo die oft aufwendige Recherche lohnt.

Wegweisende ReiseHandbücher aus Kiel

Rund 90 Titel zu Reisezielen in aller Welt sind inzwischen bei Conrad Stein erschienen, bald wird die Grenze der 100 Titel überschritten sein. - Reichlich Arbeit für das 12köpfige Kieler Team, das neben den rund 15 Neuerscheinungen jährlich auch die spätestens alle zwei Jahre fälligen Überarbeitungen und Neuauflagen der bereits erschienenen ReiseHandbücher redaktionell betreuen und druckfertig bearbeiten muß.

Doch die Stimmung in Kiel ist gut: Man freut sich darüber, daß der Verlag immer bekannter wird - bekannter für seine aktuellen, vom persönlichen Stil und den persönlichen Reiseerfahrungen der Autoren geprägten, authentischen ReiseHandbücher, die mit vielen Tips und Hinweisen **Reiseerlebnisse ohne Reibungsverluste** ermöglich wollen. Und das nicht nur für kauzige Globetrotter: Von den bunten Bänden aus Kiel können alle profitieren, die darauf angewiesen sind, sich in fremden Landen selbst zurechtzufinden - sei es für einen programmfreien Nachmittag oder gleich für mehrere Wochen.

Wegweisende ReiseHandbücher aus Kiel

ISBN 3-89392-051-X

REISE HANDBÜCHER

... in allen
Buchhandlungen

BASISWISSEN FÜR DRAUSSEN

Karte & Kompaß

OUTDOOR HANDBUCH

Karte & Kompaß liefert für Wildnis-Wanderungen und andere Outdoor-Unternehmungen wichtige Erklärungen, Tips, Tricks und Kniffe zum Kartenlesen und zum Gebrauch des Kompasses. Sie werden mit den verschiedenen Arten von Kompassen und Kartenwerken bekanntgemacht, vor allem mit dem Orientierungskompaß mit Lineal (OL-Kompaß) und mit den topographischen Karten.

Mit Hilfe dieses Handbuches erfahren Sie, wie Sie in der Wildnis zum gewünschten Ziel gelangen, wie Sie eine Portage oder gute Fischgründe wiederfinden. Sie lernen, das Gefälle eines Flusses zu berechnen, sich mit dem Kompaß auch bei Nacht zu orientieren und veraltete Karten auf den neuesten Stand zu bringen.

ISBN 3-89392-104-4
DM 12,80

Conrad Stein Verlag
Andreas-Gayk-Str. 7-11, 2300 Kiel 1
Tel. 0431/9 33 77

Conrad Stein Verlag

Andreas-Gayk-Str. 7-11 · D 2300 Kiel 1 · ☎ 0431/93377

KunstGeschichte

Die Kirchen Gotlands / Lagerlöf & Svahnström — DM 49,80

OutdoorHandbücher

Eßbare Wildpflanzen, Karte & Kompaß, Knoten, Mountainbiking, Rafting, Solo im Kanu — je DM 12,80

edition schwarzweiß

Auf nach Down Under / Sackstedt	*DM 14,80*
Costa Brava - Barcelona / Fründt & Muxfeldt	*DM 14,80*
El Hierro / Faust-Lichtenberger	*DM 16,80*
Elfenbeinküste / Fuchs	*DM 14,80*
Irak / Kleuser	*DM 14,80*
Islands Geologie / Hug-Fleck	*DM 14,80*
Italiens Vulkane / Hug-Fleck	*DM 12,80*
Jordanien / Kleuser	*DM 16,80*
Komoren / Thorpe	*DM 14,80*
Leben in der Wildnis / Berglund	*DM 14,80*
Libyen / Steinke	*DM 22,00*
Lofoten und Vesterålen / Knoche	*DM 19,80*
Manitoba und Saskatchewan / Stein	*DM 19,80*
Nordamerika per Motorrad / Reitberger	*DM 19,80*
Nordaustralien / Dupuis-Panther	*DM 22,00*
Quebec / Hansjosten	*DM 19,80*
Reisen mit dem Hund / Treß	*DM 16,80*
Rumänien / Müller	*DM 19,80*
Sand und Seide / Wilmsen-Tromnau	*DM 14,80*
Senegal / Mang	*DM 14,80*
Shetland und Orkney / Krüger-Hoge	*DM 16,80*
Sudan / Benjak & Enders	*DM 19,80*
Tausendundein Tag in Pakistan / Kühl	*DM 19,80*
Touren in Böhmen / Nagel	*DM 19,80*
Touren in Masuren / Stein	*DM 22,00*
Touren in Schlesien / K. & A. Micklitza	*DM 19,80*
Wandern in Neuseeland / Stein	*DM 14,80*
Wandern in Tasmanien / Thomas	*DM 14,80*
Zimbabwe und Botswana / Else	*DM 14,80*

Stand Feb '92. Unser Programm wird laufend erweitert. Fordern Sie den z.Z. gültigen Verlagsprospekt an.

REISE HANDBÜCHER